Spring Time

春意盎然 · 心曠神怡的手作時節

界的色彩開始鮮明，心情也開朗起來，深深的呼吸，重新調整狀態，讓今天的自己比昨天更好，累積正面能量，迎接未來的每一天。手作實力也需要日積月累，等待它綻放的那天，創作出令人驚艷的作品，回饋自己更多的快樂與肯定。

本期 Cotton Life 推出馬鞍包手作主題！邀請擅長車縫與創作的專家，發想出適合都會女性使用的包款，製作以不同的造型與配色，啟發靈感與創作力。多色皮條編織，設計別出心裁的炫彩編織馬鞍包、配色柔和，外觀細緻優雅的春漾彩球粉嫩馬鞍包、特殊編織 12 角星，色彩搭配出眾的春日奇緣馬鞍包、雙面雙層款式，展開如蝴蝶造型般的翩翩飛舞馬鞍包，每款都獨具魅力，襯托出使用者的與眾不同。

本期專題「朝氣輕旅後背包」，讓熱愛外出走走接觸大自然的妳，有更多選擇，滿足不同的需求。柔美質感，口袋多又實用的雅緻束口後背包、外觀可愛，做工精緻的花漾水滴後背包、運用釦子素材和布料勾勒成畫的文青花園後背包、可變換造型和背法的彩葉兩用後背包，每款都各有設計巧思，不容錯過。

春天是外出散步和騎單車的美好季節，春意盎然，空氣新鮮，需要適合活動的包包相伴。本次單元收錄了可固定在腳踏車上的清新小森林單車口金兩用包、造型簡約好看，可單肩斜背和當腰包使用的兩用健行輕巧包、能將水瓶攜帶在身上也不會造成太大負擔的機能型輕便悠遊小腰包。將手作包融入日常生活中，增添回憶的溫度，創作出更多富含情感的作品吧！

感謝您的支持與愛護
Cotton Life 編輯部
http://www.facebook.com/cottonlife.club/

NEW OPEN
歡慶開站活動

全館購物滿 **500**元
送小野美紀皮革標籤

隨機贈送一款（送完為止）

加入一般／影音會員

原寸厚牛皮紙紙型
全彩步驟講義

一般會員 **299**元／月
影音會員 **359**元／月

再**享** 購買紙型講義現折**200**元
讓您可以馬上動手做作品！

- 一般／影音會員 享有專屬購物優惠《12件必學作品－材料包》85折
- 手作設計師新作品搶先看
- 整套基礎影音教學，從基礎扎根，學習不斷線
- 12件必學作品，包款經典實用更能學到許多縫紉技巧
- 200件以上Cotton Life的作品線上教學
- 彈性學習，想學什麼就做什麼，不受時間的限制

活動辦法
購買會員方案時(一般&影音)，同時選購紙型講義商品，即可馬上折抵200元。

注意事項
1.限單一紙型講義費用折抵。
2.單筆訂單取最低金額的紙型講義折抵，若低於200元，恕不補餘額。
3.若當筆訂單無選購紙型講義商品，視同放棄恕不補發。

購買縫紉機優惠

JUKI縫紉機HZL-G110 優惠價**19800**元

送影音會員1個月、購物優惠券800元、現折紙型講義200元

定價 23500元

注意事項
1.紙型講義200元折抵，限購買縫紉機同時選購紙型講義商品，即可現折200元，若當筆訂單無選購紙型講義，視同放棄恕不補發。
2.購物優惠券800元，將於商品出貨後，mail至您的電子信箱，請留意信件；並請留存正確電子信箱，以免無法收件。
3.購物優惠券使用規則：全館消費皆可使用、限單筆消費一次使用、免消費門檻、使用期限3個月、使用本優惠券享免運。

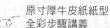

Cotton Life 玩布生活
手作教學購物網站

線上教學

紙型講義、工具

手縫技巧

手作成品

機縫技巧

手作分享

包包作品

影片教學

洋裁作品

24小時手作學習網，從基礎到進階作品應有盡有

挑選喜愛的課程，想做什麼就學什麼

從「興趣」變成「專長」，還有工具、布料、配件、手作成品可以選購

輕鬆享受手作的樂趣與成就感！

www.cottonlife.com

悠活特企

零負擔運動用包

自薦專線

Cotton Life 長期徵求拼布老師、手作達人，竭誠歡迎各界高手來稿，將您經營的部落格或 FB，與我們一同分享，若有適合您的單元編輯就會來邀稿囉～

(02)2222-2260#31　cottonlife.service@gmail.com

國家圖書館出版品預行編目 (CIP) 資料

Cotton Life 玩布生活 . No.27 : 率性魅力馬鞍包 x 朝氣輕旅後背包 x 零負擔運動用包 / Cotton Life 編輯部編 . -- 初版 . -- 新北市 : 飛天手作 , 2018.03
　面；　公分 .--(玩布生活 ; 27)
ISBN 978-986-94442-5-5(平裝)

1. 手工藝

426.7　　　　　　　　107002360

Cotton Life 玩布生活 No.27

編　者／Cotton Life 編輯部
總編輯／彭文富
主　編／張維文、潘人鳳、葉羚
美術設計／柚子貓、曾瓊慧、武景雄
攝　影／詹建華、蕭維剛、林宗億、張詣
紙型繪圖／菩薩蠻數位文化

出 版 者／飛天手作興業有限公司
地　　址／新北市中和區中正路 872 號 6 樓之 2
電　　話／(02)2222-2260・傳真／(02)2222-2261
廣告專線／(02)22227270・分機 12 邱小姐
部 落 格／http://cottonlife.pixnet.net/blog
Facebook ／ http://www.facebook.com/cottonlife.club
讀者服務 E-mail ／ cottonlife.service@gmail.com

■劃撥帳號／ 50381548
■戶　名／飛天手作興業有限公司
■總經銷／時報文化出版企業股份有限公司
■倉　庫／桃園縣龜山鄉萬壽路二段 351 號

初版／ 2018 年 03 月
本書如有缺頁、破損、裝訂錯誤，請寄回本公司更換
ISBN ／ 978-986-94442-5-5
定價／ 280 元
PRINTED IN TAIWAN

封面攝影／詹建華
作品／陳怡如

弧口雙釦
面紙盒套

製作示範／Amy　編輯／Vivi　成品攝影／張詣

完成尺寸／長 23×寬 13cm×高 9cm

難易度／◆◆

柔和的彎彎弧線是自然成形的抽取開口，開箱式的更換設
計有別於常見的鬆緊帶固定，當使用非紙盒包裝的面紙時，
仍能立體有型。

Profile

鈕釦樹
Amy Tung

從科技業轉換到溫暖的手作世界，是從來沒想過的人生轉彎。2009 年回歸家庭後，手作成為生活的重心；2014 年九月機緣下成立「鈕釦樹」手作教室，希望能將手作生活的美好與幸福傳播出去。

地址：嘉義市東洋新邨 465 號
FB 粉絲專頁：
「鈕釦樹 Button Tree」

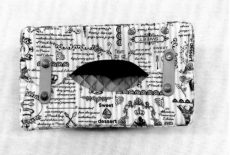

Materials

紙型 A 面

用布量：

帆布 35×25cm、棉麻布 1 尺、棉布 35×45cm、厚布襯 0.5 尺、薄布襯 35×45cm

裁布：

（數字尺寸已含縫份 0.7cm，紙型需外加縫份 0.7cm。）

底片	紙型 A	1 片	厚布襯（不含縫份）
側片 B	24.5×7.5cm	2 片	厚布襯（不含縫份）
側片 C	14.5×7.5cm	2 片	厚布襯（不含縫份）
上側片（短邊）	紙型 D	2 片	半邊貼厚布襯（不含縫份）
上側片（長邊）	紙型 E	4 片	半邊貼厚布襯（不含縫份）
裡布	紙型 F	1 片	薄布襯

其他配件：皮絆釦片 2 片 (選配)、四合釦 2 組

08 完成表袋。

04 縫份倒向側片 B，壓線 0.2cm。

01 依紙型裁剪底片 A 及 4 片側片（B、C 各 2 片）。

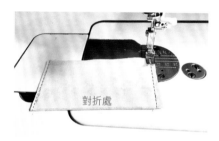

09 上側片 D (短邊) 單邊貼厚布襯（不含縫份）後對折，縫合兩側邊。

對折處

05 接合底片 A 和側片 C，共 2 片。

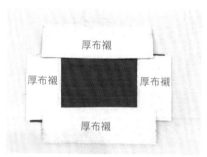

厚布襯　厚布襯　厚布襯　厚布襯

02 燙上厚布襯 (不含縫份)。

10 翻至正面，壓線 ㄇ 字型 0.2cm。

06 縫份倒向側片 C，壓線 0.2cm，完成表布接合。

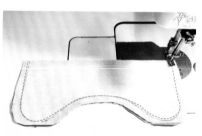

11 上側片 E 取 2 片，貼厚布襯作為表布，各別和其餘 2 片正面對正面，沿版型車縫曲線端。

07 縫合表布四個短邊（※ 注意接合線對齊），縫份 0.7cm。

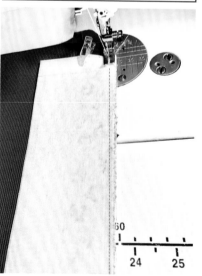

03 接合底片 A 和側片 B，共 2 片。

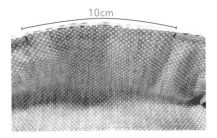

21 在長邊處留 10cm 返口。

16 找出表袋及上側片 D 的中心點，以強力夾固定，將 2 片 D 接合至表袋上緣短邊處。

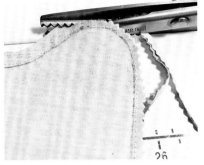

12 在曲線處剪牙口。

22 從返口處將表袋翻至正面，整燙。

17 將裡布 F 燙上薄布襯。

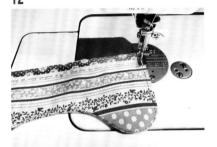

13 翻至正面後，壓線 0.2cm。

23 縫份倒向袋底，整圈壓線 0.2cm，同時也將返口縫合。

18 將裡布四個短邊接合，完成裡袋。

14 依圖示完成所有表布部位。

24 在適當位置釘上皮絆釦或四合釦。

19 將裡袋翻面，套入完成的表袋中。

25 完成。

20 表、裡袋袋口縫合一圈。

15 找出表袋及上側片 E 的中心點，以強力夾固定後，將 2 片 E 接合至表袋上緣長邊處。

療癒系
拼接娃娃抱枕

製作示範／Miki　編輯／兔吉　攝影／詹建華
完成尺寸／寬 30 x 長 40 cm

難易度／●●

辛苦了一整天的你是不是需要心靈上的撫慰呢？是的話快來看看我們精心為你設計的療癒系抱枕吧！可愛的娃娃圖案布搭配上繽紛亮麗的色彩組合，加上手工立體壓線讓抱枕增添了活潑童趣的氛圍，帶給人溫暖又放鬆的感覺。拼接作法也很簡單明瞭，適合剛接觸手作的你，快來跟我們一起動手做做看吧！

Profile

Miki

喜歡拼布、編織、十字繡、鄉村雜貨及收集娃娃，作品以清新的雜貨風和可愛的童趣風呈現，與喜歡羊毛氈的女兒喬有一間名為熊腳丫的手作教室，在小屋子裡和喜愛手作的朋友們，還有五隻店貓度過每一段快樂的手作時光。

熊腳丫手作雜貨屋
店址：台北市大龍街 48 號一樓
電話：(02)2598-0038
部落格：
miki3home.blogspot.com/
FB 搜尋：熊腳丫手作雜貨屋
Instagram：@ miki3home

Materials

紙型 A 面

草莓娃娃愛心拼接抱枕

裁布：

枕頭套

主圖案布	27 x27cm	1 片	
粉紅水玉布	27 x4.5cm	2 片	左右拼接用
粉紅水玉布	32 x4.5cm	2 片	上下拼接用
粉紅水玉布	32 x32cm	2 片	後背布
紅色素色布	12 x12cm	1 片	
黃色素色布	12 x12cm	1 片	
綠色素色布	12 x12cm	1 片	
水藍色花布	9 x9cm	1 片	依心型紙型裁剪
粉紅色花布	9 x9cm	1 片	依心型紙型裁剪
黃色花布	9 x9cm	1 片	依心型紙型裁剪
單膠棉	30 x40cm	1 片	

枕心

枕心布	32 x42cm	2 片

Ann & Andy 三角拼接抱枕

裁布：

枕頭套

主圖案布	27 x27cm	1 片	
綠色水玉布	27 x4.5cm	2 片	左右拼接用
綠色水玉布	32 x4.5cm	2 片	上下拼接用
綠色水玉布	32 x32cm	2 片	後背布
粉紅素色布	12 x12cm	1 片	裁成 2 個三角形
藍色素色布	12 x12cm	1 片	裁成 2 個三角形
橘色素色布	12 x12cm	1 片	裁成 2 個三角形
黃色花布	12 x12cm	1 片	裁成 2 個三角形
紅色花布	12 x12cm	1 片	裁成 2 個三角形
藍色花布	12 x12cm	1 片	裁成 2 個三角形
單膠棉	30 x40cm	1 片	

枕心

枕心布	32 x42cm	2 片

其他配件：填充棉花 200g。（1 個抱枕的棉花用量）

備註：紙型未含縫份，數字尺寸已含縫份 1cm。

01 取心型紙型在花布上畫上版型之後約留 1cm 縫份裁剪下來，以雙線平針縫在實線外圍約 0.3cm 處。

02 同樣取心型紙型在厚紙板上畫好剪下，將剪好的心型厚紙板放入步驟 1 的花布內，拉縮再打結，接著用熨斗整燙塑型。

03 取出心型厚紙板，將製作好的心型花布貼縫在素色方型布上方。

04 重覆步驟 1～3 的做法，完成 3 組之後縫合在一起。

05 取粉紅水玉長條布（32 x4.5cm）與主圖案布上下兩端正面相對，車縫拼接固定。

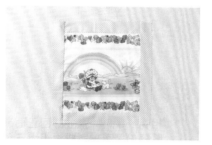

06 接著再取粉紅水玉長條布（27 x4.5cm）與主圖案布左右兩端正面相對，車縫拼接固定。

07 將步驟4與步驟6車縫在一起，完成枕頭套表布。

08 接著將表布翻至背面，燙上單膠棉。

09 依照主圖案布上面的花紋與樣式，沿邊進行手縫壓線，讓圖案更立體明顯。

10 取粉紅水玉布背後布（32 x32cm）左右 2 片，其中一端先往內折 5cm 的縫份，接著再重覆一次相同的動作，總共需往內折兩次 5cm 的縫份，折好後車縫固定，完成左右 2 片。

11 取枕頭套表布與 2 片背後布正面相對，車縫一圈。車好後先修剪四個角落的縫份，接著翻回正面，完成枕頭套。

Ann & Andy
三角拼接抱枕

03 將步驟 2 製作好的 3 組正方型拼接縫合在一起。

04 接著依照草莓娃娃愛心拼接抱枕步驟 5~9 製作方法完成枕頭套表布。

05 後續參考草莓娃娃愛心拼接抱枕步驟 10~11 完成枕頭套，並依相同作法製作枕心後塞入抱枕，萌萌的安娃三角拼接抱枕就完成囉！

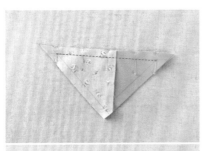

01 取 1 片花布與 1 片素色布正面相對，車縫一道並翻回正面，將縫份攤平，完成 1 組大三角型拼接，共需完成 2 組。

02 將步驟 1 製作好的 2 組大三角型拼接縫合成 1 組正方型，共需完成 3 組。

12 取枕心布 2 片正面相對，車縫一圈，記得預留一道返口。

13 車好後翻回正面，將填充棉花塞入，塞好之後再將返口縫合。

14 接著將製作好的枕心塞入枕頭套內，可愛的草莓娃娃愛心拼接抱枕就完成了！

環保手提飲料袋

咖啡、搖搖杯飲料或是水壺都可以隨身帶著走，
自備提袋不僅環保，更能享受手作為生活帶來獨一無二的幸福。

製作示範／ Cotton Life 玩布生活
編輯＆成品攝影／ Forig
完成尺寸／寬 12cm× 高 32cm（含提把）× 底寬 8cm
難易度／☆☆

Materials 紙型 Ⓐ 面

裁布：

袋身表布	紙型	2	燙厚布襯
袋身裡布	紙型	2	
裡布口袋	11.5×23.5cm	1	

※以上紙型未含縫份，數字尺寸已含縫份0.7cm。

How To Make

一、製作袋身

9 再將表布提把上方正面相對車合。

5 袋身表布同裡布作法3、4車縫，但側邊不需留返口。

1 取裡布口袋正面相對對折車縫三邊，留5cm返口，翻回正面，返口處沿邊壓線0.2cm。

二、組合袋身

10 提把接合處的縫份攤開，將開口那段表裡布的縫份內折對齊好，用強力夾暫固定。

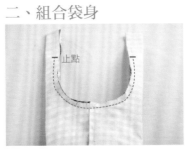

6 將裡袋身和表袋身正面相對套合，車縫提把圓弧部份至車縫止點，可先在圓弧處打數個牙口會比較好車。

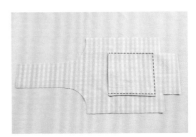

2 將口袋車縫三邊固定在袋身裡布的口袋位置。

11 提把兩側分別壓0.2cm臨邊線一圈。

7 分段車縫好兩邊提把處。

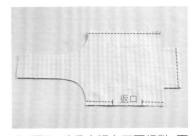

3 再取1片袋身裡布正面相對，兩側及底部以珠針固定並車縫，一側邊要留7cm返口。

12 裡布返口以對針縫縫合，完成作品。

8 將表裡袋身從返口處翻到正面，提把要翻出來，整燙一下袋口提把處。提把開口部分將裡布正面相對車合上端。

4 將底部缺角拉平，讓側邊線及底部線對齊，車縫平口0.7cm，完成袋底打角。

春遊漫步包

製作示範／LuLu 編輯／Vivi 成品攝影／張詣
完成尺寸／高 26cm× 寬 27~42cm× 底寬 13cm

本作品學習重點：
Point 1 夾角口袋
Point 2 立式拉鍊口布

Profile

LuLu 彩繪拼布巴比倫 LuLu

累積十餘年的拼布創作經歷，結合擅長的彩繪繪畫，並運用豐富熟稔的電腦繪圖技術將拼布 e 化，與圖案設計、平面配色和立體作品模擬，交互運用，頗受好評！LuLu 說：「基本技巧要學得紮實，廣泛閱讀書籍以汲取新知和創意，探索不同領域的技術予以結合應用，還有…透過作品說故事，賦予每一件作品豐富的生活感與新鮮的生命力。投注正向情感的作品，會自然散發出耐人尋味的意境，與獨樹一幟的魅力喔！」

著有：《職人手作包：機縫必學的每日實用包款》
Blog: http://blog.xuite.net/luluquilt/1
Facebook: https://www.facebook.com/LuLuQuiltStudio

Materials 紙型 A 面

【以下為裁布示意圖，均以幅寬 110cm 布料作示範排列】

布料：（※除特別指定外，縫份均為1cm。紙型不含縫份。以下數字尺寸已含縫份。）

表布：
前 / 後表布	依紙型	共 2 片
前口袋表布	依紙型	1 片
後口袋表布	依紙型	1 片
側身表布	裁 15×36.5cm（含縫份）	2 片接縫成一整片
拉鍊口布	裁 32×4.5cm（含縫份）	共 4 片

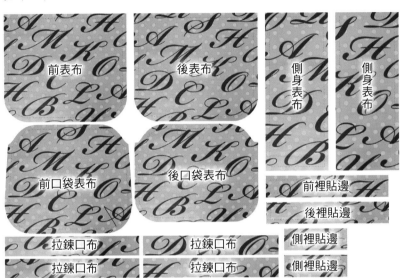

Point 1 夾角口袋

Point 2 立式拉鍊口布

裡布：
前 / 後裡布	依紙型	共 2 片
前 / 後裡貼邊	依紙型	共 2 片
側邊裡布	裁 65×15cm（含縫份）	1 片
側裡貼邊	裁 15×5cm（含縫份）	共 2 片
前口袋裡布	依紙型	1 片
後口袋裡布	依紙型	1 片

配件：
拉鍊長 40cm×1 條、提把一組二條、拉鍊尾皮片一組二片

How To Make

（一）前口袋（夾角口袋）的製作

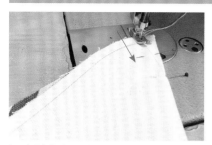

1 車縫夾角，由外側開始往尖角方向車縫。

2 車過尖角點。

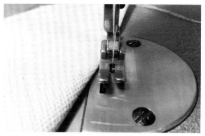

3 繼續空車幾針。

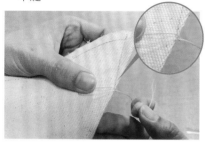

4 結束，再將上下線一起打結。

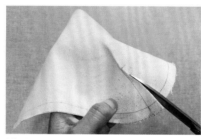

5 剪開夾角縫份處。

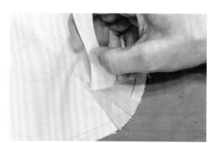

6 以骨筆將縫份攤開壓平。

7 從正面車縫裝飾線（冂形）以固定縫份。

8 同法，車縫另一側夾角。完成夾角口袋表布。

9 口袋裡布夾角同表布夾角作法。

10 口袋表裡布正面相對，上邊對齊縫合。

11 縫份以鋸齒剪剪牙口。

12 翻回正面，上邊整形並壓車臨邊線。

13 U形邊粗縫固定。以上，完成夾角口袋。

（二）後口袋（貼式口袋）的製作

1 後口袋表裡布正面相對，上邊對齊縫合。

2 同（一）步驟 11 將縫份剪牙口之後，翻回正面，上邊壓車臨邊線，U形邊粗縫固定，完成後口袋如圖。

（三）前／後表布的製作

1 前口袋與前表布 U 形邊對齊粗縫固定。

2 後口袋與後表布 U 形邊對齊粗縫固定。

（四）側身表布的製作

1 接縫二片側身表布。

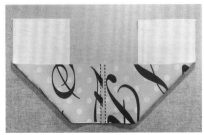

2 成為側身表布一整片，縫份攤開並正面壓車。

（五）表袋的製作

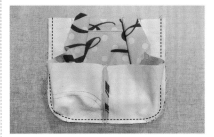

1 側身表布與前表布 U 形邊正面相對縫合。

2 側身表布另一側與後表布 U 形邊正面相對縫合，完成俯視如圖。

3 翻回正面，完成表袋。

（六）裡袋的製作

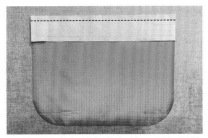

1 前裡貼邊與前裡布上邊正面相對縫合。

2 貼邊往上翻，縫份倒向上，壓車一道直線，完成前裡布一整片。

3 同法，後裡布上邊接縫後裡貼邊並壓車，完成後裡布一整片。

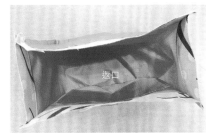

4 同前，側邊裡布兩端分別接縫側裡貼邊，縫份倒向上並壓車，成為側身裡布一整片。然後，同（五）表袋的製作，側身裡布與前／後裡布U 形邊縫合，但需預留一返口不縫。完成俯視如圖。

（七）拉鍊口布的製作

1 先處理一側的拉鍊口布。取二片口布，兩端先折入 1cm，以骨筆壓折折痕成形。

2 準備拉鍊，拉鍊頭端布先如圖折入。

再對角折。可用水溶性雙面膠帶輔助暫時黏固定。

3 將一片口布置於拉鍊下方，正面相對，下邊對齊，以水溶性雙面膠帶暫時黏固定。

4 上方需再固定另一片口布以進行夾車拉鍊，一樣，以水溶性雙面膠帶來輔助固定。

5 二片口布夾車拉鍊。

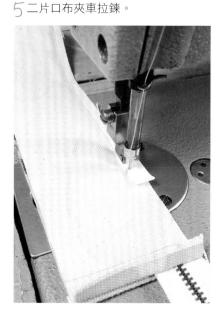

6 將口布翻回正面，壓車臨邊線，如圖。

7 同法，另二片口布夾車拉鍊另一側並壓車。以上，完成拉鍊口布。

（八）全體的組合

（重複）

1 將拉鍊口布粗縫固定於表袋上邊。注意口布和拉鍊的正反面狀態。

俯視圖

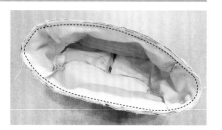

2 表袋套入裡袋，正面相對，上邊縫合一整圈。

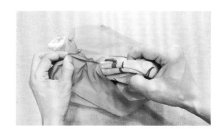

3 由裡袋返口翻回正面。

4 袋口壓車臨邊線一整圈。

5 於前／後口袋上邊縫上提把，提把間距約 10~11cm。拉鍊尾縫上拉鍊尾皮片。完成。

率性魅力馬鞍包

造型獨特吸睛各有特色的馬鞍包，襯托出女性的自信與魅力。

炫彩編織馬鞍包

色彩鮮豔豐富的個性塗鴉，揮灑出一朵朵綻放的花朵，佔據妳的目光。
包款的袋蓋用皮條編織，深淺的藍色與粉色交織，和諧又具設計感，雙袋蓋的視覺效果，造型別出心裁。

製作示範／顏麗烽　編輯／Forig　成品攝影／林宗億
完成尺寸／寬 32cm× 高 20cm× 底寬 8cm
難易度／

Profile

顏麗烽

透過手作，享受著單純、簡單的幸福。
衷心期盼所有動手作的過程中，快樂＋滿足相遇、相隨。

皮開包綻隨手作 Yasmina Yen

FB 粉絲團：www.facebook.com/yasminayen39

Materials 紙型 A 面

用布量：表布0.5碼、內裡布0.3碼、綿羊皮（如裁布陳列尺寸）、點膠加
強襯0.5碼。

裁布：

表布

前後袋身	紙型	2片（雙層燙襯）
袋蓋內面	紙型	1片（燙襯）
小蓋片	紙型	2片（燙襯，表燙雙層）
肩提帶內面	紙型	1片（燙襯）
外貼袋內面	紙型	1片（燙襯）

※雙層燙襯：第一層含縫份，第二層減去縫份。

裡布

前後袋身	紙型	2片
側袋身	紙型	1片
袋插	24×13cm	1片
拉鍊內袋布	24×30cm	1片

綿羊皮

大蓋片	32×22cm	1片（有紙型）
編織片	27×18cm	1片（有紙型）
外貼袋	26×13cm	1片（有紙型）
側袋身	70×10cm	1片（有紙型）
肩提帶	57×6cm	1片（有紙型）
側身雙邊滾條	65×2.6cm	2條
小蓋外緣滾條	40×2.6cm	1條
外貼袋上封口滾條	22×2cm	1條
前貼邊	32×6cm	2片（有紙型）
側貼邊	7×6cm	2片（有紙型）
吊耳	12×3cm	2片（有紙型）
絆帶	3.5×5cm	2片
皮條	0.9×24cm	15條

其它配件：2.5cm S鉤釦×2個、磁鐵片×4片、1.8cm D型環×2個、出芽
內芯160cm、長D型活動鉤釦×2個、23cm拉鍊×1條、1cm蘑菇釦×11
個、皮糠70×20cm、磁釦×1組。

※以上紙型未含縫份，數字尺寸已含縫份。

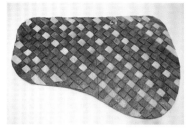

9 翻到背面，所有外緣皮條需點膠黏著固定。

10 依紙型裁剪上蓋皮片，轉角弧度處都需打牙口（非常重要）。

11 將縫份上膠折黏妥當。

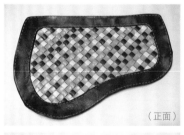

（正面）

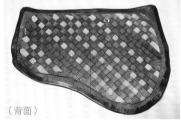

（背面）

12 兩片對齊黏合，分別沿著內外圍邊車縫固定。

5 將三色皮條裁切好備用。

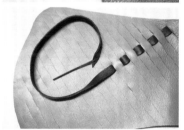

6 將取得容易、使用方便的髮夾，從所有第一個洞由下往上開始依序貫穿。

7 取出調整皮條的好幫手（2齒叉子），將所有皮條同方向貫穿。

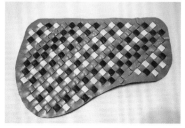

8 貫穿完後整理鬆緊度，再將多餘的皮條裁切整齊。

● 製作編織袋蓋

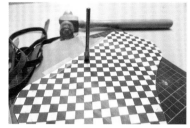

1 將格紙照版型裁剪，沿邊黏貼於羊皮表面，使用0.9cm一字斬跟著格子朝同方向依序打洞在黑線上。

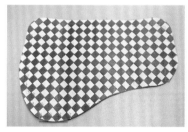

2 留下縫份，將多餘部份裁切，並檢查是否有漏打。

3 將格紙移除後所呈現的樣子。

4 滾刀裁切皮條寬0.9cm×長24cm數條（視搭配需求）。

21 車縫磁鐵片時,換成單邊壓腳較方便車縫。

17 使用活動釦環更方便先車縫吊耳。

13 將袋蓋內面貼襯,縫份內折黏合備用。

製作前口袋

22 取小蓋片表布依紙型位置先車縫D型環的絆帶,再將滾條沿邊黏貼。小蓋片裡布用皮片包車住磁鐵片。

製作袋蓋

18 將上袋蓋表、裡準備黏合。

製作側身與袋底

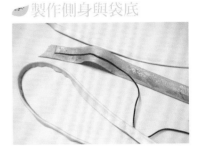

14 取側身雙邊滾條,將塑膠芯包覆其中對折黏合。

23 將小蓋片表裡正面相對,如圖示車縫。

19 取後袋身和外貼袋,底部尖褶分別車縫好。

15 滾條黏合於側身兩邊,縫份朝外,並將吊耳對折黏貼在紙型標示位置。

24 翻回正面,圖示為小蓋片反面呈現的樣子。

(正面)

(背面)

20 上袋蓋表布依紙型位置車縫套入D型環的絆帶。再將袋蓋內面與皮片包車住磁鐵片。

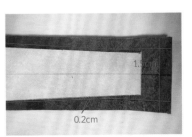

16 內面黏貼皮糠,兩邊縫份比完成線減少0.2cm。黏貼止點在完成線下1.5cm。

33 拉鍊開口四周邊緣車縫,拉鍊兩側黏貼雙面膠,並將開口中間剪開,雙頭剪Y字。

29 羊皮肩提帶背面貼皮糠,縫份內折黏貼。

25 取羊皮外貼袋和外貼袋內面背面相對,羊皮內折收邊。

34 將內袋布翻至背面,拉鍊置入開口黏貼妥當,四周車縫。

30 依紙型位置裝上6個蘑菇釦。

26 先安裝好兩片磁鐵片,再取外貼袋上封口滾條對折黏合在外貼袋上方。

35 翻至背面,將內袋布對折,車縫三邊固定。

31 肩提帶背面相對車縫固定,兩端套上S鉤釦各加裝上1個蘑菇釦。完成所有外袋的製作。

27 外貼袋內面,依紙型位置在上方置中處安裝磁釦。

36 另一裡袋身依個人需求車縫口袋(示範為立體貼式口袋),並車縫底角。

●製作內袋

32 取拉鍊內袋布與袋身正面相對,袋口下約3.5cm畫出拉鍊開口。

●製作肩提帶

28 取肩提帶內面,縫份內折黏貼。

43 裡袋身和側身同表袋身作法車合,袋口縫份內折。再將表裡袋身背面相對套合。

41 袋口縫份內折黏貼。

37 將裡袋身和側身分別車縫上貼邊。

44 袋口對齊車合一圈後,再扣上肩提帶即完成。

42 小蓋片置中對齊前袋身開口處,車縫固定。

組合袋身

38 將外袋身和側袋身正面相對車合。

39 側袋身另一邊同作法車合另一片外袋身。

40 將上袋蓋與後袋身袋口往下4cm處對齊,車縫袋蓋0.5cm固定。

春漾彩球粉嫩馬鞍包

春暖花開的季節來到，正適合背上輕巧可愛的馬鞍包出遊。
粉紫色的帆布材質搭上鮮明的彩球圖案，讓包包整個活潑了起來，宛如花海裡的小仙子一般。
不同於以往馬鞍包給人俐落的感覺，透過粉嫩的顏色搭配與柔和的設計線條，
讓馬鞍包帶出女性溫柔的曲線感。

製作示範／橘子　編輯／兔吉　成品攝影／林宗億
完成尺寸／寬 24.5× 高 22.5× 底寬 8cm
難易度／

Profile

橘子

因為喜歡，所以覺得手作會帶來幸福，於是年輕時當過裁縫師的老公，從此一路支持，無論是毛線、烘焙還是布手作，因為有老公的支持，現在更有自己的工作室了！

2008年底開始嘗試玩部落格，分享幸福的手作和快樂，現在希望你也一起來分享。

橘子幸福手作

http://blog.xuite.net/jolin211211/blog

Materials 紙型 Ⓐ 面

裁布：

表布（需貼厚布襯）

前、後袋身	依紙型	2片
袋蓋	依紙型	2片
側身	依紙型	1片

配色布（需貼厚布襯）

外前口袋	依紙型	1片
外後口袋	依紙型	1片

裡布（需貼薄布襯）

前、後袋身	依紙型	2片
外前口袋	依紙型	1片
外後口袋	依紙型	1片
側身	依紙型	1片

其他配件：鎖釦1組、皮絆扣2個、3.2cm寬織帶145cm長、3.2cm口型環2個、日型環1個。

※以上紙型未含縫份，縫份需外加0.7cm。

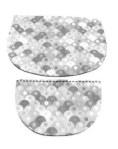

製作前袋蓋

8 後口袋製作方法同前口袋作法。將後口袋表布與裡布正面相對,車縫一圈後翻回正面,將返口整燙好,接著於上緣返口處車上裝飾線縫合。

5 裝上鎖釦的釦環。

製作前、後口袋

取袋蓋布2片正面相對,車縫U字型,車好後於弧度處修剪牙口。

製作表袋身

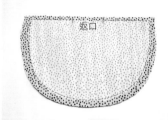
返口

9 將後口袋放置於後袋身表布上置中位置後車縫,起頭與結尾處可壓縫三角形加強固定。

6 取前口袋表布與裡布正面相對,車縫一圈,記得上方先預留一道返口。

2 將袋蓋翻回正面,距離布邊約0.3cm邊緣處車一道裝飾線。

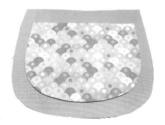

5cm

10 取前口袋放在前袋身表布上置中位置後,先在前袋身上畫出前口袋的位置記號。

3 在袋蓋下方距離布邊約5cm處先做上鎖釦位置記號。

7 車縫好之後記得於圓弧處修剪牙口,接著從返口處翻回正面,將返口先整燙好,先別將返口開口縫合。

接著拿出袋蓋比對適當位置後,將鎖釦的釦環位置在前口袋上做上記號。

4 接著沿記號線車縫一圈,車好後修剪掉裡面的布料,小心不要剪到車縫線。

20 車好後從返口翻回正面,整理
好袋型,在袋口上緣車縫一圈
固定。

製作背帶

21 將織帶一端先套入口型環,接
著穿過日型環後套入另一端的
口型環,再將織帶回穿至日型
環,返折織帶車縫固定。取皮
絆片穿入口型環備用。

22 將皮絆片固定在袋身左右兩
側,打上鉚釘固定背帶。

23 完成。

16 取袋蓋在後表袋身上疏縫備
用。

製作裡袋身

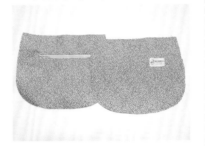

17 裡袋身可依照個人需求製作口
袋。

18 同步驟14與15將裡袋身前後片
與側身裡布接合,袋底記得先
預留一道約15cm的返口。

組合袋身

19 將表袋身與裡袋身正面相對
套合,車縫上緣一圈。

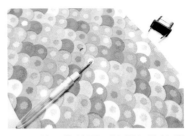

12 從前口袋的返口將鎖釦的轉鎖
安裝上去,安裝好後將前口袋
的上緣與返口車縫裝飾線。

13 同步驟9做法,將前口袋車縫U
字型於前袋身表布上,車好後可
沿邊再壓一圈裝飾線固定,完
成前袋身表片。

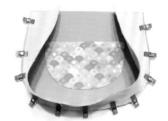

14 取側身表布與後袋身表片正面
相對,用強力夾固定好後車合。

15 同步驟14作法再將前袋身表片
與側身表布接合,車好即完成
表袋身。

春日奇緣馬鞍包

線條流暢的圓弧袋身，展現討人喜愛的洗鍊感，

烘托著以三種角度編織而成的美麗袋蓋，

成為春日草原上綻放的花朵，也是春夜星空中閃爍的星芒。

製作示範／陳怡如　編輯／Vivi　攝影／蕭維剛

完成尺寸／寬 28cm× 高 24cm× 底寬 10 ～ 14cm

難易度／

Profile

陳怡如

服裝科系畢業
《愛上縫紉機》作者之一
日本手藝普及協會指導員第一屆（手縫）
日本余暇文化振興會講師第一屆（機縫）
臺灣喜佳公司機縫講師第一屆
臺灣喜佳公司服務 15 年

臉書搜尋：IDea 拼布教室

側身可縮放

Materials 紙型 Ⓑ 面

用布量：編織用花布（依花紋）1~2尺/淺色布1尺、表布2尺、裡布2尺

裁布：（紙型及數字尺寸已含縫份0.7cm）

編織布-花布（依花紋裁剪）	6×30cm	20條
編織布-淺色布	6×110cm	3條

表布（以下裁片之厚布襯，依布料厚薄貼1～2層）

前袋身	依紙型A-1	1片
前袋身貼邊	依紙型A3-2	1片
後下袋身	依紙型A2-1	1片
後上袋身	依紙型A2-2	1片
後袋身貼邊	依紙型A3-1	1片
側身下片	依紙型B-1	2片
側身中間片	依紙型B-2	1片
側身上片	依紙型B-3	2片
側身貼邊	依紙型B-4	2片
前小口袋	依紙型C-1	1片
袋蓋布	依紙型D-1	1片

不貼襯

包繩布（斜布條）	3×65cm	2條
袋蓋滾邊布（斜布條）	4.5×70cm	1條

裡布（依布料自行貼襯）

前袋身	依紙型A-5	1片
後下袋身	依紙型A-4	2片
	A2-1	1片
側身	依紙型B-5	1片
前小口袋	依紙型C-1	1片
拉鍊式內口袋	24×30cm	1片
貼式內口袋	20×38cm	1片

其他配件：3cm寬紙襯1捲、厚布襯1碼、棉繩2碼、拉鍊22吋/10吋/8吋各1條、前釦皮件1組、側身皮件1組（2片）、長背帶1組、D型環2個

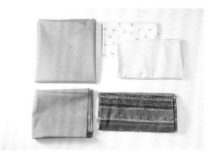

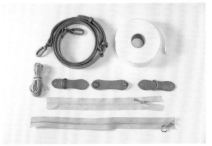

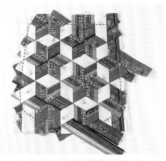

製作袋蓋

將3cm寬紙襯置中放於編織布條背面,布條長邊內折燙好。

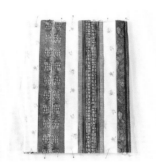

6 依紙型D-1畫出袋蓋形狀、疏縫一圈。沿疏縫外圍修剪出袋蓋形狀。

4 依角度,如圖交錯穿過直排布編排、排滿。

2 厚布襯裁30×30cm膠面朝上放於燙墊上,如圖將布條排直線約7~8條。

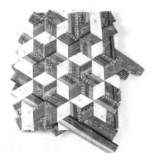

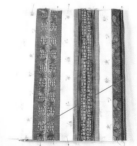

7 再與袋蓋布背面對背面固定。車縫一側滾邊,另一側滾邊以手縫或機縫包覆製作,完成袋蓋。

5 如圖排列最後右下至左上角度布條,使用熨斗與厚布襯黏合。

3 取30度角劃出右上至左下線條。

14 再與側身上片正面相對接合，攤開後正面壓線備用。

15 表袋身前、後片分別車縫包繩。

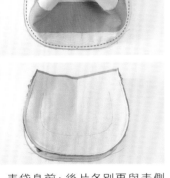

16 表袋身前、後片各別再與表側身接合。

17 袋蓋正面與後袋身正面相對，車縫袋口固定。

11 拉鍊上方＋後上袋身表布車縫。背面放上後下袋身裡布（A-4），正面壓線及弧度處固定。

12 側身中間片放上拉鍊固定。

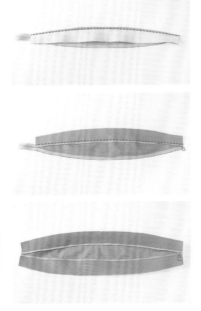

13 側身中間片與側身下片分別正面相對車縫，攤開後正面壓線。

🍃製作表袋

8 前小口袋表布與裡布車縫袋口處，縫份倒向裡布正面壓線，再正面相對對齊弧度處車縫（底留返口）。

9 再翻至正面，壓縫袋口後，U形車縫固定於前袋身，順帶縫合返口。

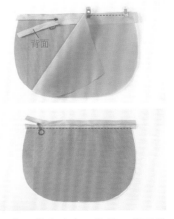

10 後下袋身表布＋拉鍊＋後下袋身裡布（A2-1）正面相對夾車拉鍊，翻回正面壓線。

23 裡袋身前、後片分別與裡側身接合,須留一邊返口。

24 表裡套合,車縫袋口一圈。

25 翻回正面,壓縫袋口一圈,縫合裡袋返口。

26 將前釦皮件及側身皮件釘於適當位置即完成。

21 再將貼邊+拉鍊上方+內口袋上側固定,正面車縫2cm。翻到背面,將內口袋兩側車縫完成。

22 側身貼邊與側身裡布接合,正面壓線備用。

◖製作裡袋

18 後下袋身裡布(A-4)與後袋身貼邊正面相對車縫,正面壓線,放上貼式口袋固定。

19 前袋身貼邊(縫份3cm)與前袋身裡布(縫份1cm)車縫兩側(中心左右共約留20cm)。

20 裡布+拉鍊+拉鍊式內口袋夾車,正面壓線。

翩翩飛舞馬鞍包

展開時似會翩翩飛舞的雙面對稱設計，
呼應著傳統馬鞍包的概念，除了隨行使用外，
固定在高度適當的自行車上管上，
又是另一種貼心方便的功能。

製作示範／李依宸　編輯／Vivi　攝影／詹建華
完成尺寸／寬 33cm× 高 28cm× 側身寬 6cm
難易度／

Profile

李依宸

台南女子技術學院 服裝設計系畢
日本手藝普及協會 手縫講師
臺灣喜佳專業機縫師資班第一屆機縫講師
曾任臺灣喜佳北區才藝中心主任、經銷業務副理。
服裝設計打版師經歷5年、拼布教學經驗20年。
2008年成立「一個小袋子工作室」至今。
著有：《玩包主義：時尚魔法Fun手作》

一個小袋子工作室
北市基隆路二段77號4樓之6
02-27322636
FB搜尋：「一個小袋子工作室」

Materials 紙型 B 面

用布量：表布(帆布)2尺、配色布1.5尺、滾邊1尺、裡布2尺、洋裁襯1碼

裁布：（紙型已含0.7cm縫份，燙襯依布料決定厚薄）

表布

袋蓋背布	依紙型	1片（不燙襯）
前袋身B	依紙型	4片（左右各2片，洋裁襯）
前袋身C	依紙型	2片（洋裁襯）
後袋身	依紙型	1片

配色布

前袋蓋	依紙型	1片（不燙襯）
前袋身A	依紙型	4片（含表裡，表燙洋裁襯）
包繩布	2.5～3×60cm（斜布條）	2條（依所選包繩之粗細
	2.5～3×170cm（斜布條）	1條　調節包繩布寬度）
滾邊布	4.5×140cm（斜布條）	
吊環布	4×6cm	2片
包繩頭尾布	3×5cm	1片

裡布

後袋身	依紙型	1片
裡袋身B	依紙型	4片（左右各2片，洋裁襯）
裡袋身C	依紙型	2片（洋裁襯）
口袋自由設計		
滾邊布	4.5×168cm（斜布條）	

其他配件：側背帶1組、手提帶1組、D型環2個、鉚釘8×8×2個、造型鎖2
個、撞釘磁釦3個、包繩3碼、厚膠片3.5×21cm

後袋身表布

後袋身裡布

B　B　　A　　B　B

C

C

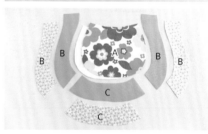

前袋蓋

袋蓋背布

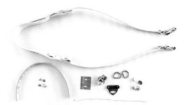

6 攤開,於內側袋口壓0.2cm臨邊
線。

7 背面相對對齊後,外側袋口壓
裝飾線,U形疏縫固定。

8 車上包繩。共需兩組。

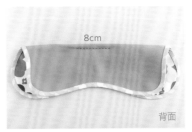

8cm

背面

背面

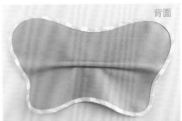

完成
正面

4 依位置尺寸車縫後,車成合褶備
用。

剪牙口

5 前袋身A片表裡布正面相對,車
縫袋口處,剪牙口。

1 前袋蓋＋袋蓋背布背面相對車
縫固定。

頭尾先接合

再車合於布邊

2 車上一側滾邊,頭尾端接合,完
成一側滾邊。

3 包覆另一側滾邊,壓臨邊線固
定一圈。

15 先車上包繩頭尾布。

12 同前，接合B＋C＋B裡袋身。

9 前袋身B＋C＋B組合，表裡共需兩組。

16 車上包繩，以包繩頭尾布固定並裝飾接合處。

13 表裡夾車組合，縫份倒向裡布壓0.2cm臨邊線。

10 前袋身B＋C＋B表布與前袋身A表布正面相對車合，共製作兩組。

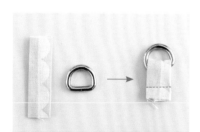

17 二側再車上吊環布。

14 整圈疏縫固定。

11 兩組表布接合，縫份燙開。

24 袋蓋與袋身對齊。

25 釘上持手（釘合處需避開車縫處），一併固定袋蓋。

26 前袋蓋依所選造型鎖裝設在袋蓋位置，完成。

更換布料配色，又是另一種風情。

21 再包上內滾邊，一側車縫，另一側手縫（藏針縫）。

22 袋身翻回正面，口袋口釘上撞釘磁釦。

23 依位置放上撞釘磁釦（袋口、後袋身）。

18 裡後袋身口袋自由設計。

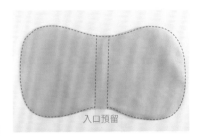

入口預留

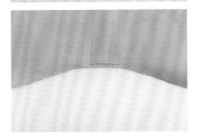

19 表後袋身與裡後袋身背面相對疏縫固定，預留膠片入口，膠片放入後再將入口疏縫。

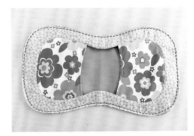

20 前／後袋身組合。

製作示範／鍾嘉貞　編輯／Forig

成品攝影／詹建華

完成尺寸／衣長 60cm（Size：M）

難易度／🍎🍎🍎🍎

百搭丹寧背心裙

用不退流行又百搭的丹寧布製作春秋都實穿的吊帶背心裙。不同口袋的設計，不僅外觀好看，外出時也非常便利。

樣衣及紙型尺寸為 M 號 單位：公分	
衣長（後中量至下襬，不含肩帶長度）	60cm
腰圍	96cm
臀圍	112cm

Profile

鍾嘉貞

一個熱愛縫紉手作的人,喜歡手作自由自在的
感覺,在美麗的布品中呈現作品的靈魂讓人倍
感開心。現任飛翔手作縫紉館才藝老師。

飛翔手作有限公司
http://sewingfh0623.pixnet.net/blog
新北市三重區過圳街七巷 32 號(菜寮捷運站一號出口正後方)
02-2989-9967

Materials 紙型 B 面

用布量:表布4尺、裡布2尺、洋裁襯少許。

裁布:
表布

前上片	紙型	1 片
後上片	紙型	1 片
前腰帶	紙型	2 片
後腰帶	紙型	2 片
前下片	紙型	1 片
後下片	紙型	1 片
肩帶布	(W)8×(L)50cm	2 片
貼式口袋	紙型	3 片
小貼式口袋	(W)9×(L)9cm	1 片
大袋布	紙型	2 片

裡布

前上片	紙型	1 片
後上片	紙型	1 片
小袋布	紙型	2 片

其它配件:13mm塑膠牛仔釦4顆。

※ 以上紙型未含縫份,數字尺寸已含縫份。

延伸改版(作品欣賞)
縮小童裝版,脇邊可改
扣合方式製作。

8 翻回正面車縫 0.1cm 和 0.5cm 裝飾線。

9 取 9cm 正方小貼式口袋三邊拷克，口袋口內折 2 次 1cm 壓車臨邊線固定。

10 再依圖示位置固定在大袋布上（穿者右側）。

4 袋口處壓車臨邊線，其餘拷克的三邊往內折燙 1cm，同作法完成 3 片貼式口袋。

5 取 1 片貼式口袋，按照紙型位置對齊擺放在前上片，並依壓線記號車縫固定。

6 另 2 片貼式口袋，同作法固定在後下片。

🍎製作側邊口袋

7 取小袋布與前下片正面相對車縫，彎弧處打牙口。

🍎製作貼式口袋

1 取前上片，先在口袋口位置貼上補強襯（2cm 直徑圓形洋裁襯），兩邊彎弧處貼上牽條。
※ 牽條為 1cm 寬的直布紋洋裁襯，可避免裁片拉伸變形。

2 取貼式口袋，按照紙型實版將壓線圖案描繪在口袋裁片上。

3 縫紉機換上雙線雙針，車縫口袋裝飾線。再將口袋邊拷克，上方袋口不拷，內折 2 次 1cm 包邊。

19 後上片表、裡布正面相對車縫 1cm,弧度打牙口和修剪角度縫份。

20 翻回正面車縫 0.1cm 和 0.5cm 裝飾線,後上片底端疏縫 0.5cm 固定。

疏縫

● 接合前後上、下片

21 取前腰帶夾車前上片,下方弧度對齊,車縫固定。

15 翻回正面車縫 0.1cm 和 0.5cm 的裝飾線。前上片底端疏縫 0.5cm 固定。

疏縫

返口

修剪縫份

16 取肩帶布正面相對車縫 1cm, 中間留約 6 ～ 8cm 作為返口。縫份置中折燙開,其中一短邊車縫 1cm,並修剪縫份。

17 從返口翻回正面整燙平整,三邊車縫 0.1cm 和 0.5cm 裝飾線。完成兩條肩帶備用。

18 將肩帶與後上片正面相對放置,肩帶毛面朝上並持出 0.5cm 疏縫固定。

11 將大袋布與前下片的小袋布正面相對放置,對齊好車縫袋布。

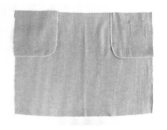

12 再將縫份處拷克,完成左右兩側口袋。

13 口袋順平,從正面將袋布上端和側邊疏縫 0.5cm 固定。

● 製作前、後上片

14 取前上片表、裡布正面相對車縫 1cm,弧度處打牙口,並修剪角度縫份。

30 翻回正面，縫份朝向後片壓
車 0.1cm 和 0.5cm 裝飾線。

31 下襬縫份 3.5cm，三折邊內
折燙平，車縫臨邊線一圈。

9.5cm
4.5cm
cm

32 釘釦及開釦眼，釘釦位置在
前片上端往下 2cm 處。釦眼
位置在肩帶往上 4.5cm 為第
一個釦洞中心，9.5cm 為第
二個釦洞中心。
※ 當然釦洞位置可以照個人
身高試穿後再決定。

完成

26 裡層腰帶與後下片接縫。

27 翻回正面，腰帶往下蓋對齊
接縫線折燙平整，上下壓縫
臨邊線固定。

🍎 組合裙身

28 將前、後片正面相對車縫左
右兩側脇邊，縫份拷克處理。

對齊

29 接合脇邊時，注意前後腰帶
要對齊好。

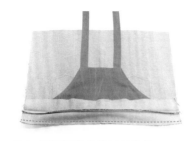

22 翻回正面整燙平整。

23 裡層腰帶先與前下片接縫，
表層腰帶縫份內折燙好。

24 翻回正面，腰帶往下蓋對齊
接縫線折燙平整，上下壓縫
臨邊線固定。

25 將後腰帶夾車後上片，翻回
正面整燙好。

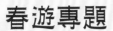

春遊專題

朝氣輕旅後背包

春日是出遊的好時節，充滿朝氣的製作包款來場輕旅遊吧！

製作示範／蔡佩汝　編輯／Forig　成品攝影／林宗億
完成尺寸／寬 32cm × 高 35cm × 底寬 13cm
難易度／★★★★

雅緻後背包

在百花齊放的春日裡，帶上色彩柔美的花卉後背包外出郊遊賞花，與花田裡的花朵相互輝映，襯托出使用者的美。

朝氣輕旅
後背包

前方三個袋蓋拉鍊口袋，常用物品好拿取。

後背式暗袋，可放置
貴重物品，避免扒手
偷竊。

手提也方便、好看。

Materials

紙型 C 面

用布量：花布 4 尺、素色布 3 尺、美國棉 1 包。

裁布：

表布（素布）

袋身前片	紙型	1	美國棉
袋身後片	紙型	1	美國棉
袋底	紙型	1	美國棉
口袋外蓋	紙型	6	美國棉 3 片
後口袋	紙型	4	正反各 2
袋口蓋子	紙型	1	
背帶	紙型	2	美國棉

裡布（花布）

袋身	98×33cm	1	
內口袋	28×70cm	1	
袋底	紙型	1	
袋口蓋子	紙型	1	美國棉
背帶	紙型	2	美國棉
手提把	7×20cm	1	
拉鍊擋布	4×20cm	2	美國棉 2×20cm
外口袋	紙型	6	美國棉 3 片
背帶布	紙型	2	美國棉

其它配件：

13mm 磁釦 3 對、10cm 拉鍊 3 條、18cm 拉鍊 2
條、25cm 拉鍊 1 條、連接釦 1 副、17mm 雞眼扣
12 組、束繩扣 1 副、2.5cm 日型環 4 個、4mm 棉繩
110cm、寬 2.5cm×長 140cm 織帶 1 條。

※ 紙型和數字尺寸皆已含縫份 1cm。

{ Profile }

WaterBear

蔡佩汝

13 歲有第一台縫紉機，開啟了縫紉世界，喜
愛創作與手作。
在手作中找出樂趣，在創作中找出風格。曾
擔任喜佳縫紉館才藝老師，教學經驗 6 年。

網站：http://waterbear.com.tw/
FB 搜尋：水貝兒縫紉手作

外口袋製作

09　外口袋表布＋美國棉車縫底角，裡布也車縫底角。

10　取 10cm 拉鍊，中心對齊外口袋上方中心，拉鍊頭尾端布內折好，表裡正面相對夾車拉鍊，車縫 1cm。

11　翻至正面整燙，裡布壓線 0.2cm，並依指定位置裝上磁釦（母釦）。

05　取兩條 2.5cm 織帶 15cm 長，各自穿入日型環對折，再將背帶布對折夾車織帶 1cm，翻至正面壓線 0.5cm。

06　背帶如圖夾入 45cm 長織帶車縫，修剪轉角處多餘美國棉以及剪牙口。

07　將背帶布翻至正面，抽出織帶，沿邊壓線 0.5cm。

08　手提把布對折車縫 0.7cm，翻至正面穿入長 20cm 織帶，上下壓線 0.5cm 固定。

前置作業

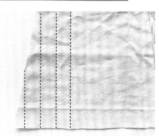

01　將袋身後片素布與美國棉壓線，間距 3cm。

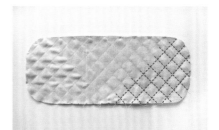

02　素布袋底與美國棉壓 45 度角斜線格紋，間距 2.5cm。

03　袋口蓋子（花布）與美國棉壓 45 度角斜線格紋，間距 2.5cm。

04　袋口蓋子表布與裡布正面相對車縫 U 字，弧度剪牙口，翻至正面壓線 0.5cm。

後口袋製作

20 袋身後片與後口袋布夾車拉鍊擋布（擋布對折包住美國棉）。

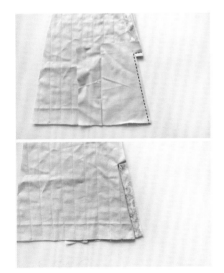

21 拉鍊擋布 4cm 對折放入 2cm 美國棉夾車位置。

22 車縫好後剪去多餘縫份，翻至正面整燙。

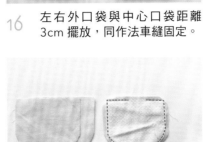

16 左右外口袋與中心口袋距離 3cm 擺放，同作法車縫固定。

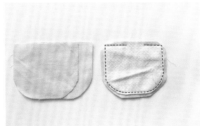

17 取 2 片口袋外蓋如圖示車縫，並修剪美國棉和轉角縫份。

18 依指定位置裝上磁釦（公釦），由返口翻至正面，整燙。

19 將袋蓋重疊拉鍊約 0.3cm，袋蓋車縫 0.2cm 與 0.7cm 兩道壓線。共完成 3 組外口袋。

12 外口袋表裡布正面相對，車縫左右側 1cm，並修剪轉角處縫份。

13 將返口處整燙並疏縫固定。

14 袋身前片中心與外口袋中心相對，車縫外口袋三邊 0.2cm。

15 拉鍊另一邊頭尾端內折，車縫 0.2cm 在袋身上。

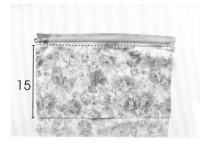

31 取內口袋折 15cm，對折邊與 25cm 拉鍊壓線 0.2cm。

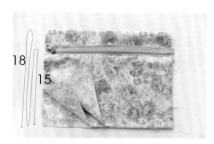

32 剩餘布料如圖折出口袋長度。

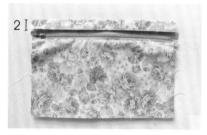

33 袋口上端往下折 2cm 對齊拉鍊，整燙。

34 內口袋布往前翻，兩側車縫 1cm 固定。

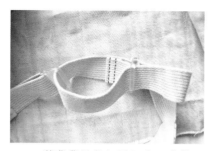

27 將背帶織帶如圖示穿入背帶布日型環並車縫固定。

表袋身製作

28 袋身前片與袋身後片正面對正面，兩側邊車縫 1cm。

29 找出袋底中心與袋身底部中心對齊，正面相對車縫 1cm 一圈。

30 將袋蓋疏縫固定於袋身後片上方中心位置。

23 再置入 18cm 拉鍊沿邊壓線 0.2cm。

24 兩片後口袋布正面相對車縫指定位置。

25 翻至正面先依圖示疏縫，再放上背帶布疏縫固定。

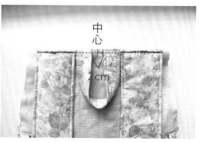

26 袋身後片上方指定位置疏縫手提把與背帶。

45　完成。

組合袋身

40　表布與裡布袋身正面相對套合，車縫一圈。

41　由返口翻出後整燙平整，袋口壓線 0.5cm 一圈。

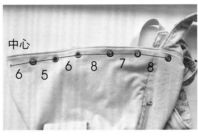

中心
6　5　6　8　7　8

42　袋口處依圖示指定位置打上雞眼扣（距離為扣與扣中間）。

43　穿入棉繩，並裝上束繩扣。

3

44　在袋蓋和袋身相對應位置縫上連接釦。

35　拉鍊正面壓線 0.2cm，袋口壓線 0.2cm。

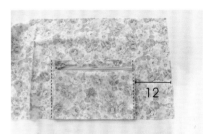

12

36　內口袋與裡布袋身如圖擺放並車縫固定。

37　內口袋可翻出最底層車縫中心（內口袋隔間效果）。

38　將裡布袋身對折車縫 1cm。

返口

39　袋身底部與袋底對齊車縫，返口預留 15cm 不車。

文青花園後背包

在這春暖花開、溫暖和煦的天氣裡，背上這款輕鬆簡約的後背包，來個半日或一日的輕旅行吧！

輕鬆簡約的包款外型，可以依照個人喜好設計自己喜愛的配色，再縫上各種顏色以及大小不同的釦子與YOYO，盡情打造一個專屬於自己的春日花園。

製作示範／林余珊　編輯／兔吉
成品攝影／林宗億
完成尺寸／寬28cmx高35cmx底寬14cm
難易度／★★★

朝氣輕旅後背包

Materials

紙型 B 面

用布量：
表布 1 碼、裡布 1 碼、素色布半碼（袋蓋與貼邊用）、葉子圖案布、蝴蝶圖案布、素棉麻布等少許。

裁布表：

表布

前、後袋身	依紙型	2 片	舖棉
袋底	30 x16cm	1 片	燙薄襯 28 x14cm
背帶裝飾布	4.5 x90cm	2 條	
提把裝飾布	4.5 x25cm	1 條	
D 型環掛耳裝飾布	4.5 x10cm	2 條	

裡布

前、後袋身	依紙型	2 片	燙薄襯
一字拉鍊口袋	40 x24cm	1 片	可依個人燙薄襯
貼式口袋（1）	32 x22cm	1 片	燙薄襯 15 x20cm
貼式口袋（2）	32 x17cm	1 片	燙薄襯 15 x15cm
掛耳布	32 x8cm	1 片	

素色布

袋蓋	依紙型	2 片	1 片燙薄襯
			1 片燙單膠棉

貼邊	依紙型	2 片	
包邊條	4.5 x90cm	1 條	斜布條

其他配件：

3.2cm 寬織帶 8 尺、磁釦 1 組、1/4 吋日型環 2 個、1/4 吋 D 型環 2 個、20cm 拉鍊 1 條、1/4 吋鉤環 1 個、皮標 1 片、繡線、彩色釦子、布用複寫紙、鐵筆、舖棉、奇異襯、布襯、膠板（26.5 x13cm）1 片。

※ 以上紙型未含縫份，其他數字尺寸已含縫份 1cm。

{ Profile }

林余珊

從小就對手作充滿興趣，一次因緣際會走進住家附近的拼布教室，開啟我對拼布的喜愛。喜愛手作時光的溫暖慢活生活，相信熱愛並認真看待每個作品，會讓手作的溫潤更令人著迷。靜下來，享受一針一線間與自己的對話。

日本手藝普及協會手縫證書

網站：https://33quilt.weebly.com/
FB 搜尋：珊珊布遊仙境、珊珊手作坊

08 取 3 股繡線,使用輪廓繡繡上枝幹。

09 縫上彩色釦子與 YOYO。

10 圖案布先用奇異襯燙在素布上,再用縫紉機以自由曲線方式車出葉子,車好後剪下並縫在袋身上。

04 釘上皮標。皮標鉚釘位置要與磁釦錯開。

製作表袋身

05 前、後袋身依照紙型外加 2cm 縫份剪下,燙上單膠棉後再燙上薄襯,依線進行三層壓線(整片)。

06 完成壓線後,再拿紙型描繪完成線,沿著完成線外 0.1cm 疏縫一圈,再修剪縫份到 1cm。

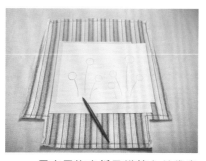

07 用布用複寫紙及鐵筆在前袋身正面描上枝幹及花朵位置。

製作袋蓋

01 袋蓋 2 片依照紙型外加縫份 1cm 後裁剪下來,袋蓋前片燙上單膠棉,袋蓋後片燙上薄襯。

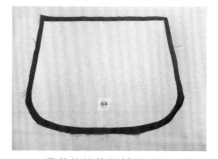

02 袋蓋後片依照紙型所標示的位置安裝磁釦公釦。安裝時,可先燙一塊厚襯來增加牢固度。

03 袋蓋前片與後片正面相對,車縫 U 字型。車好後修剪縫份,並剪去多餘的舖棉,轉彎處修剪牙口後翻回正面,在上方壓 1cm 裝飾線。

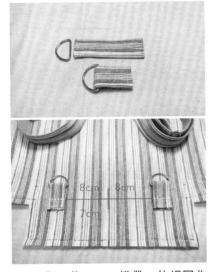

17　取 2 條 10cm 織帶，依相同作法車好裝飾布並套入 D 型環，接著固定於後袋身下方距離車線 7cm，中心點左右各 8cm 的位置。

18　將背帶先套入日型環，穿過 D 型環後，再回頭穿過日型環，將背帶返折車縫固定。另一邊做法相同，完成 2 條背帶。

14　接著翻至背面，將一字拉錬口袋布往上對折，車縫ㄇ字型固定，完成一字拉錬口袋。

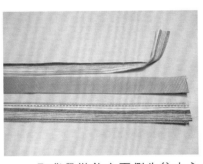

15　取背帶裝飾布兩側先往中心折燙，接著將裝飾布車縫在 2 條 90cm 的織帶上。提把裝飾布作法相同，將裝飾布車縫於 25cm 的織帶上。

16　找出後袋身上方中心點左右各 7cm，接著將提把與 2 條背帶疏縫固定。

11　依紙型所標示位置安裝上磁釦母釦。

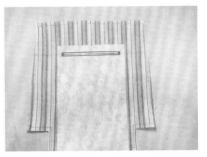

12　將一字拉錬口袋布依紙型標示位置擺放，畫出一個長方形開口並沿記號線車縫，車好後用剪刀剪開中心及兩端Y字（小心不要剪到車縫線）。

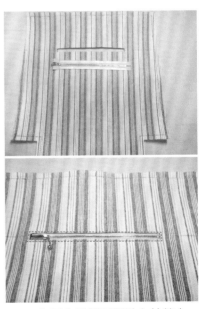

13　先用布用雙面膠貼在拉錬上、下兩側，接著將拉錬黏在步驟 12 的長方形外框中，沿邊使用縫紉機車合。

24　車縫裡袋身與貼邊，車好後縫份倒向裡袋身，壓上 0.2cm 裝飾線。

25　將裡袋身整片燙上薄襯（不含縫份）。

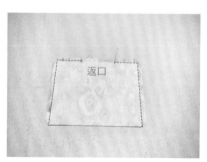

26　將貼式口袋布（1）長邊正面相對對折，燙上薄襯後車縫，上方記得預留返口。

22　將袋身兩側車合。

23　從袋底側邊放入膠板，目的是為了增加袋底承載重量，接著再將袋底兩側車合。

19　取袋蓋與後袋身正面相對，在距離完成線 0.2cm 位置上疏縫固定。

20　前、後袋身正面相對，車合袋底，縫份 1cm，車好後將縫份打開倒向兩邊。

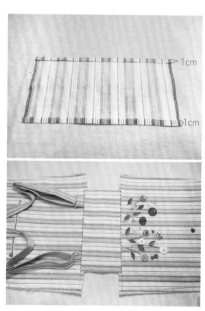

21　取袋底布 30 x16cm，先燙上薄襯 28 x14cm，接著將長邊兩側往內折燙 1cm，放置於袋底並車縫兩側固定。

33 將包邊條車好後,另一側使用藏針縫固定。

27 車好後翻回正面整燙,在返口處車縫 0.2cm 裝飾線,再將口袋車在裡袋身距離貼邊 6cm 位置處。

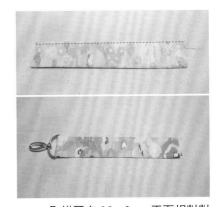

30 將 2 片裡袋身正面相對,車合袋底及兩側。車好上述部位後再將兩側袋底車合。

34 圖案布先用奇異襯燙在素布上,再用縫紉機車出蝴蝶,車好後剪下並縫在袋子上。（用黏的亦可）。

28 取掛耳布 32 x8cm 正面相對對折,車好後翻回正面整燙,再與鉤環車合。

組合

31 將裡袋身套入表袋身,疏縫袋口一圈。

35 完成。

32 車上包邊條。

29 貼式口袋（2）做法與步驟 26 & 27 相同。將口袋固定於裡袋身時,記得將步驟 28 的掛耳布一同夾車。

花漾水滴後背包

可雙肩、單肩自由變化背法，斜向拉鍊開口
創造最大的拿取便利性。如同被花簇擁著，
踩踏輕巧的步伐走向春天的懷抱。

製作示範／古依立　編輯／Vivi
步驟攝影／蕭維剛　成品攝影／張詣　Model／Yen
完成尺寸／長28cm × 寬13cm × 高36cm
難易度／✿✿✿✿

{ Profile }

古依立

就是喜歡！就是愛亂搞怪！雖然不是相關科系畢業，一路從無師自通的手縫拼布到臺灣喜佳的才藝副店長，就是憑著這股玩樂的思維，非常認真地玩了將近 20 年的光景，生活就是要開心為人生目標。
合著有：《機縫製造！型男專用手作包》、《型男專用手作包 2：隨身有型男用包》

依葦縫紉館
新竹市東區新莊街 40 號 1 樓
(03)666-3739
FB 搜尋：「型男專用手作包」

Materials

紙型 C 面

用布量：表布 - 水洗帆布 2 尺、配色布 1 尺、裡布 2 尺
裁布：（以下紙型及尺寸皆已含縫份 0.7cm）

表布：水洗帆布

F1 前（上）袋身	依紙型	1 片（厚布襯不含縫份）
F2 前（中）袋身	依紙型	1 片（厚布襯不含縫份）
F3 前（下）袋身	依紙型	1 片（厚布襯不含縫份）
F4 前口袋下片	依紙型	1 片（厚布襯不含縫份）
F5 側口袋	14.5×22.5cm	2 片（厚布襯不含縫份）
F6 袋底	14.5×25.5cm	1 片（厚布襯不含縫份）
F7 後袋身	依紙型	1 片（厚布襯不含縫份）
F8 背帶布	依紙型	左／右各 2 片（厚布襯不含縫份）
F9 前袋蓋後背布	依紙型	1 片（厚布襯不含縫份）
F10 拉鍊擋布	3.2×6cm	1 片
F11 包繩布（袋身）	90×2.5cm	2 條（斜布紋）
（前袋蓋）	75×2.5cm	1 條
F12 前口袋出芽布	28×2cm	1 條
F13 持手裝飾布	3.5×12cm	1 條

裡布：尼龍布

B1 前／後袋身	依紙型	2 片
B2 前口袋	依紙型	1 片
B3 側身	依紙型	1 片
B4 前口袋上片	依紙型	1 片
B5 側口袋	14.5×18.5cm	2 片

表布：圖案布

F14 前袋蓋	依紙型	1 片（厚布襯不含縫份）
F15 上側身	依紙型	2 片（厚布襯不含縫份）
F16 前口袋上片	依紙型	1 片（厚布襯不含縫份）

網眼布 　　　　40×35cm　　1 片

其他配件：

21cm ／ 29cm ／ 33cm#5 金屬拉鍊各 1 條、細棉繩 12 尺、轉鎖 1 組、撞釘磁釦 2 組、3.2cm 織帶（背帶 65cm×2+23cm×1+6cm×2）6 尺、3.2cm 日型環 2 入、3.2cm 問號鉤 2 入、3.2cm 三角鋅環 2 入、3cm 緞帶 40cm 1 條、2cm 鬆緊帶 30cm 1 條、2cm 人字帶 8 尺

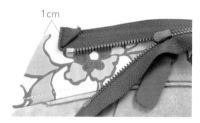

1cm

09 前口袋表布與裡布夾車拉鍊一側（拉鍊需收邊，頭擋距離布邊1cm）。

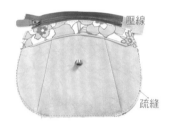

壓線

疏縫

10 翻回正面壓線0.5cm，F4依紙型位置固定轉鎖座，並將表／裡布布邊對齊三周疏縫固定。

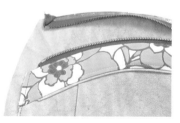

11 F3前（下）袋身置於F4前口袋下方，拉鍊另一側與布邊對齊（以中心點對齊）。

04 縫份倒向F16壓線0.5cm。

05 B2前口袋裡布固定褶子倒向（同步驟1）。

06 與B4前口袋上片正面相對車縫固定，縫份倒向B4壓線0.5cm（同步驟3～4）。

07 取F10拉鍊擋布與21cm拉鍊尾部正面車縫0.7cm。

08 翻回正面壓線0.5cm。

01 F4前口袋下片褶子倒向兩側先疏縫固定。

02 F12前口袋出芽布對折為1cm，置於F4上方布邊對齊，兩側布邊依圖示將布邊折入，疏縫。

03 再與F16前口袋上片正面相對車縫固定。

19 前袋蓋置於 F2 上方，布邊對齊。取 F1 前（上）袋身正面相對夾車前袋蓋。

15 先將包繩布與 F14 前袋蓋表布正面相對三周疏縫固定。

12 取 F2 前（中）袋身正面相對夾車拉鍊。

20 縫份倒向 F1 壓線 0.5cm。

16 再將細棉繩裹於包繩布內再疏縫一次。

13 縫份倒向 F2 壓線 0.5cm。

21 網眼布於 35cm 處背面對折，剪 1 條 18cm 長的人字帶先對折，置於中心線。

17 與 F9 前袋蓋後背布正面相對車縫三周，弧度處剪鋸齒牙口。

14 F4 前口袋與 F3 三周布邊對齊且三周疏縫，修剪多餘布料。

22 將 3cm 緞帶置於折雙邊上／下車縫 0.2cm 固定線。

18 由上方翻回正面三周壓縫 0.5cm，依紙型位置固定轉鎖蓋。

23 由側邊穿入鬆緊帶。

後袋身與背帶製作

F7（背）　　B1（背）

32 將 F7 後袋身表布翻至背面，取紙型背面置於上方劃出 29cm 拉鍊位置，B1 後袋身裡布背面取紙型正面劃出 29cm 拉鍊位置。

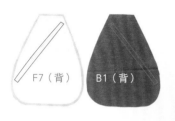

33 依中心 Y 字記號線剪開。

34 將縫份往背面整燙，裡布縫份處理方式同表布。

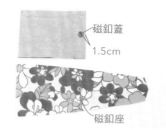

磁釦蓋
1.5cm

磁釦座

28 由背面對折，於袋口處中心下 1.5cm 打上撞釘磁釦蓋，F15 上側身依紙型位置打上撞釘磁釦座。

29 側口袋置於 F15 上側身，底部及脇邊布邊對齊疏縫，並完成另一側口袋。

30 與 F6 袋底兩側接合。縫份倒向 F6 壓線 0.5cm。

31 與 B3 側身裡布背面相對四周疏縫固定。

24 置於 B1 前袋身裡布底部對齊置中，人字帶兩側車縫固定線。再將網眼布兩側布邊與 B1 對齊，將多的網眼布倒向中心，三周疏縫固定。

25 與前袋身表布背面相對四周疏縫固定。

2.5cm　　　　2.5cm

26 由脇邊上方下 2.5cm 車縫包繩。

側身製作

27 F5 與 B5 側口袋表／裡布正面相對車縫 14.5cm 處，縫份倒向 B5 壓線 0.2cm。

45 再將織帶對折，夾住 F13，車縫固定。

46 剪 2 條 6cm 織帶依 F7 紙型位置固定，先於布邊進 3cm 車縫一道固定線，再將三角鋅環置入後，織帶反折後對齊布邊疏縫。

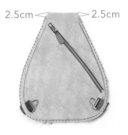

2.5cm ← → 2.5cm

47 後袋身脇邊下 2.5cm 三周車縫包繩。

48 將完成的背帶及持手，疏縫於後袋身上方中心點。

40 另一側拉鍊做法相同。

1.5cm

41 3.2cm 織帶剪 2 條 65m 長，其一端反折 1.5cm。

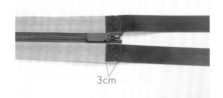

3cm

42 將反折端置於背帶布正面往內 3cm 處，車縫固定。

43 織帶另一端套入日型環及問號鉤車縫固定。

44 F13 持手裝飾布於 3.5cm 處背面對折，置於 23cm 織帶中心點。

35 取 29cm 拉鍊置於後袋身拉鍊位置。

36 再將裡布置於表布背面。車縫拉鍊四周 0.2cm，袋身四周也疏縫固定。

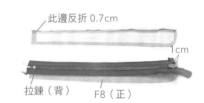

此邊反折 0.7cm

1cm

拉鍊（背） F8（正）

37 取 F8 背帶布與 33cm 拉鍊正面相對車縫 0.7cm，頭擋需收邊並內縮 1cm。再取另一側背帶布於平行處背面反折 0.7cm。

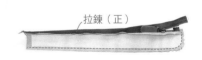

拉鍊（正）

38 正面相對車縫 L 型，弧度處需剪鋸齒牙口。

39 翻回正面整燙壓線。

55 由後袋身拉鍊處翻回正面即完成。

53 再將側身反折到後袋身布邊對齊,車縫固定。

54 布邊也以人字帶包覆車縫固定。

49 側身與前袋身正面相對布邊對齊,車縫三周。

50 布邊以 2cm 人字帶對折包覆,車縫固定。

51 側身另一側與後袋身車縫固定,布邊也以人字帶包覆車縫。

52 將前/後袋身的最上方處布邊對齊,車縫固定。

製作示範／邱如慧（安柏）　編輯／Forig
成品攝影／林宗億
完成尺寸／寬37cm× 高33cm× 底寬5cm
難易度／★★★★

彩葉兩用後背包

各色葉片交錯堆疊，不留一絲空隙，源源不絕的生長，象徵春天到來的生命力，背上它彷彿注入滿滿活力。依照不同背法，改變外觀造型，靈活運用又有新意。

袋蓋打開，扣上背帶，即可後背使用。

Materials

紙型B面

用布量：花布 1.5 尺、酒袋布 1.5 尺、內裡布 2 尺。

裁布：

表布（花布）

袋身前片	紙型	1	厚布襯
後片裝飾布	5×40cm	1	
背帶裝飾布	4.5×160cm	1	
後背吊耳布	4.5×8cm	2	
斜布條滾邊	96×4.5cm	1	

表布（酒袋布）

袋身後片	紙型	1	厚布襯
前片裝飾布	5×17cm	1	
側背吊耳	5×4cm	2	

裡布

袋身	紙型	2	厚布襯
內拉鍊口袋布	20×30cm	1	薄布襯

其它配件：

15cm 內口袋拉鍊 1 條、40cm 拉鍊 1 條、3.2cm 寬織帶 40cm 長、2.5cm 織帶 200cm 長、2.5cm 日型環 1 個、2.5cm D 型環 5 個、2.5cm 勾環 2 個、3.2cm 勾環 1 個、3.2cm D 型環 1 個。

※ 以上紙型和數字尺寸皆已含縫份 0.7cm。

{ Profile }

邱如慧／安柏

屏東大學文化創意產業研究所

隨筆畫自己想要的背包，選擇自己喜歡的布調，踩著裁縫車，喜歡手作與研究自造者／Maker 樂趣的個人工作室。

FB 搜尋：【柏樂製作所】

裝飾織帶製作

08　取後片裝飾布，長邊縫份往內折燙。

9　將裝飾布放在 3.2cm 寬的織帶上，沿裝飾布邊壓縫固定。

10　取 3.2cm 勾環套入織帶，內折 3cm 用夾子暫固定。

3cm

11　將織帶放在袋身後片下方中間位置，沿著車線壓縫，轉角時壓腳靠著五金順轉。

05　取 15cm 拉鍊置入開口對齊好，沿邊線車縫一圈固定。

06　翻到背面，將口袋布對折。袋身翻起，車縫口袋三邊，不要車到袋身。

07　將袋身的表布和裡布車縫袋底打角 0.7cm 固定。

內拉鍊口袋製作

01　取內拉鍊口袋布，背面畫上 16×1.5cm 長方形拉鍊口袋框。

02　與裡袋身標示位置正面相對，車縫外框線。

03　依圖示將框線內中心剪開，兩端剪 V 字。

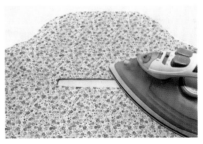

04　將口袋塞進框內，翻至背面，整燙出開口。

16 側背吊耳依紙型位置固定在袋身前片兩側。

12 再沿邊壓縫另一邊。

20 將表袋身翻回正面,與裡袋身背面相對套合。

17 後背吊耳片擺放在袋身後片底角中間處,沿邊壓縫固定。

13 取前片裝飾布,長邊縫份往內折燙1cm,套入3.2cmD型環,內折3cm暫固定。

組合表裡袋身

21 取斜布條在袋口處正面相對車縫一圈。

18 將表袋身前、後片正面相對,底角對齊,車縫 U 字固定。

14 再將織帶放在袋身前片下方中間位置,沿邊壓縫固定。

22 將斜布條包折好袋口縫份,正面沿邊壓線,完成滾邊處理。

19 同作法完成裡袋身前、後片的車縫。

15 取後背吊耳片和側背吊耳分別套入 D 型環,內折 3cm 用夾子暫固定。

29　將正面上方往下折，勾環扣上 D 型環，再扣上背帶可斜背。

30　若後背使用，上方不需往下折，勾環往後方，依圖示調整背帶扣上即可。

背帶製作

26　將背帶裝飾布折燙好，車縫在寬 2.5cm 織帶上，依序套入勾環→D 型環→日型環→勾環。

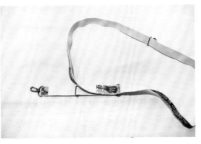

27　尾端再穿回日型環，頭尾端都內折好，背面壓線固定。

28　完成背帶的製作。

23　取 40cm 拉鍊對齊袋口處，正面沿滾邊接合線壓線固定（手縫方式亦可）。

24　袋口拉鍊縫合好的樣子。

（正面）

（背面）

25　完成袋身的車合。

打版進階 ①
袋底微摺曲線包

解說文／凌婉芬　編輯／Forig　成品攝影／林宗億

示範尺寸／寬 35cm × 高 31cm × 底寬 12cm

難易度／★★★★

Profile

淩婉芬

原從事廣告行銷企劃工作，土木工程畢業。在一次因緣
際會下接觸拼布畫與拼布包，便一頭栽進布的世界裡。
由於包包創作實在太有趣，因此開始研究各種包款的版
型，進而創立一套比較有系統的版型規劃方式。目前從
事網路教學，舉凡包包製作、版型規畫、手工書、拼貼、
手工皮件等均為教學範圍。
著作：帶你輕鬆打版。快樂作包

布同凡饗的手作花園

http://mia1208.pixnet.net/blog
email：joyce12088@gmail.com

QR Code

一、說明：

本單元示範圓角袋身＋簡易打摺的計算方式，可以運用在弧線的打摺包款，本單元示範基本
常見款，包款的尺寸大小則可依照個人喜好的方式來設計；打版所需常見工具或常識，以及
基本公式等，本單元開始不再說明，請參照Cotton Life No.16～26打版入門。

二、包款範例：

示範包款尺寸：寬35cm×高31cm×底寬12cm
◎尺寸算法可參照打版入門或設計成自己喜歡或需要的大小。
◎提把寬度與長度視個人使用習慣即可，沒有固定的算法。

三、繪製袋身版：

① 根據已知的尺寸大小先畫出外框。

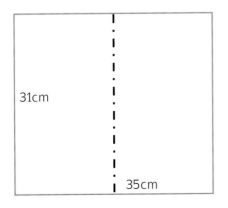

② 畫出袋底圓角。（圓角的半徑是7.5cm）
　綠色實線的部分（兩袋底）

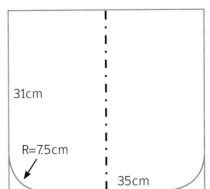

③制定上面的裝飾弧形。

　由於袋身上的弧形並不在尺寸計算範圍內，

　因此我們可以依照個人喜歡的弧形來畫它就可以了。

　這邊定的尺寸同袋底圓角R=7.5cm

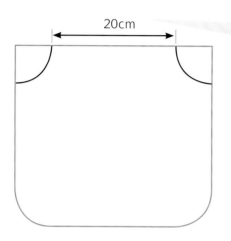

如此一來袋身版上端就會

剩下 20cm

④ 大致上的雛形已經完成，再來就是制定袋底要打的摺子大小。

　關於摺子，若想要深度越大，摺子相對越大，這邊作一個小摺子的示範，

　由於袋底圓角也只有設計R=7.5cm，所以摺子不要做太大，不然圓角就會不見！

　這裡設計是2cm，都可以自己試試看。

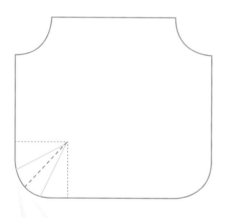

❶ 圓弧的中心
　線先畫出來

❷ 由中間向兩邊各畫
　1cm 就可以形成摺
　子（綠色線的部分）

⑤ 袋身版如下（此為實版）。

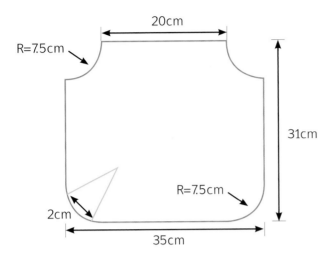

◎以上完成袋身版。

☆此為第一種摺子的畫法，在以後的單元中會陸
　續再講解其它摺子的畫法。

⑥ 側身版（此為實版）。

在畫側身版之前，我們需要先算出袋身版的三邊週長總合，
也就是上面步驟三邊紅線的總長。

→16×2＋（弧長為11.8-2摺子）×2＋20=71.6cm
（弧長算法參照曲線打版）

◎側身底摺子兩側各距離中心線3cm向兩側畫2cm，
　就可以形成一個側身小摺子。

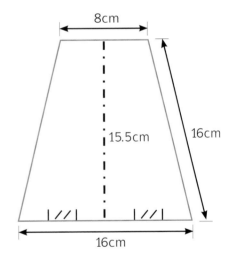

※ 畫法說明

1.由於我想要側身有點變化，所以決定使用梯形側身。

2.側身底為固定→12cm，加了兩側各2cm摺子→16cm。

3.側身上端定為8cm，是為了不讓袋口很開，要定多少可以看個人。
　但要讓梯形的斜邊不致於太斜，範圍最好在6～10cm以內（就此範例而言）。

4.側身的斜邊16cm就是上面袋身一邊的長度，直接使用就可以。

5.中間直線段的算法同樣請參照直線及曲線打版，此範例中就不再說明。

6.完成側身版實版。

⑦ 袋底版（此為實版）。

已知側身全長為71.6cm，扣除兩側身長度32cm

→袋底長度=39.6cm

	39.6cm	
12cm		

◎ 由於袋底版為一長方形，所以可以不畫出來，但裁布時要注意實際尺寸。

⑧ 再檢查一遍所有的數據就可以製作包包囉！

※ 由於這款包有作內外上下分開，所以在袋身版上請自行加貼邊線，
位置可以隨個人喜好設定。示範款是由袋口向下9cm處為貼邊位置，
如此一來，表袋就可以設計兩種不同的口袋。

裡袋也可以設計成有拉鍊
的款式。

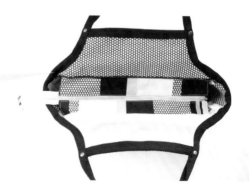

四、問題。思考：

（1）如果在設計時，袋身為梯形，應該怎麼設計？

（2）摺子的大小跟深度不同的變化，袋身會有甚麼改變？

（3）側身摺子的大小變化會有甚麼改變？

☆開始動手畫版型囉！

NEXT
進階打版（二）

悠活特企
零負擔運動用包

散步騎單車是很好的休閒運動，需要方便的包款減輕負擔。

清新小森林單車口金兩用包

製作示範／Peggy　編輯／兔吉　步驟攝影／詹建華
完成尺寸／寬38cm× 高30cm× 底寬 15.5 cm
難易度／◆◆◆◆

挑個陽光普照日子，帶著包包、牽著心愛的腳踏車一同出外踏青吧！這款口金兩用包除了可以當後背包之外，還可以搖身一變成為腳踏車上的置物袋，搭配上使用了防水布與皮革裝飾，大大提升了質感，不僅兼具實用性還充滿清新的感覺。

Profile

Peggy

手作是創意無限的，手作是靈光乍現的，手作是想做就做，
愛變就變，跳脫刻板框架，做出獨一無二的無價品！

在溫暖手作漩渦裡，沈浸幸福中，在無限幸福的道路上一
直走下去。

FB 搜尋：Peggy's 彩虹屋手作園地

Materials   紙型 D 面

用布量：

① 表布：防水布 1/2 碼。

② 裡布：棉布 1/2 碼。

③ 厚布襯：1/2 碼。

④ 皮片：40x45cm（厚 10mm）。

裁布：

部位	尺寸	數量	備註
表布			
袋身	依紙型	2 片	
長背帶	80x13cm	2 片	
裡布			
袋身	依紙型	2 片	貼厚布襯
固定布條	12x28cm	4 片	貼厚布襯
口袋布	38x40.5cm	1 片	貼厚布襯
皮片			
口金皮片（長）	依紙型	1 片	
口金皮片（短）	依紙型	1 片	
前口金拉片	依紙型	1 片	
袋底皮片	15x25.5cm	1 片	

日型環下皮片	3x10cm	2 片
後背袋裝飾皮片	3.2x3cm	4 片
皮帶釦皮條	2.5x27cm	1 片
	2.5x31cm	1 片
皮帶釦下片	2.5x10cm	2 片
手提把（長）	22x2.5cm	1 片
手提把（短）	12x6cm	1 片

其他配件：

25cm 口金 1 組、3.2cm 日型環 2 個、3.2cm 口型環 2 個、2.5cm
皮帶釦 2 個、14mm 撞釘磁釦 2 組、14mm 牛仔釦 4 組、腳釘
4 個、9x40.5cm 魔鬼氈 1 片、7x2cm 魔鬼氈 1 片、8x8cm 鉚
釘固定釦 6 個、14x24cm 底板 1 片。

皮革工具：

手縫皮革針 2 支、麻線（或蠟線）、線蠟、4mm 菱斬、間距規、
膠板、木槌、皮革用強力膠、雙面膠帶。

※ 以上紙型與數字尺寸已含縫份 1cm，皮片依步驟說明取間
距縫份。

※ 本篇採用皮革雙針直線縫飾法。

製作裡袋身

製作表袋身

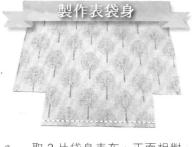

8　將 2 片裡布正面相對，車縫側邊與底角，完成裡袋身。

1　取 2 片袋身表布，正面相對，車縫底部一道，打開縫份壓平。

1cm
1cm

組合袋身

4　取 2 片固定布條布正面相對，車縫三邊，翻回正面壓線，車上魔鬼氈，共完成 2 條。

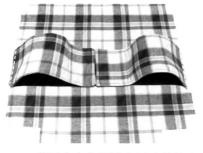

12cm

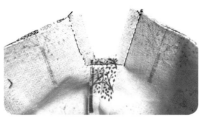

9　將表裡袋身正面相對套合，車縫袋身上方兩側 U 字角並修剪牙口。

5　將長條魔鬼氈（9x40.5cm）車縫於距離裡袋身上方 12cm 處。

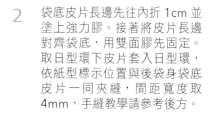

2　袋底皮片長邊先往內折 1cm 並塗上強力膠。接著將皮片長邊對齊袋底，用雙面膠先固定。取日型環下皮片套入日型環，依紙型標示位置與後袋身袋底皮片一同夾縫，間距寬度取 4mm，手縫教學請參考後方。

6　將固定布條短邊分別疏縫於步驟 5 的裡袋身兩側。

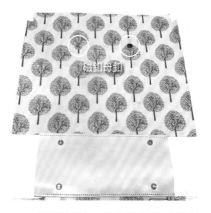

磁釦母釦

10　將袋身翻回正面，於 U 字角壓線。接著取底板放入底部，疏縫袋口上方 0.5cm。

製作袋口口金

1 cm
1 cm

7　取口袋布正面相對對折，車縫長邊後翻回正面，於袋口上方壓線。將口袋固定於另一片裡布上，車縫 U 字型與間隔線。

3　將腳釘與磁釦母釦依紙型標示固定。前、後袋身表布正面相對，車縫側身與底角，翻回正面。

11　將長、短口金皮片下方一側先往內折入 1cm，塗強力膠固定。再依紙型標示打上螺絲孔。

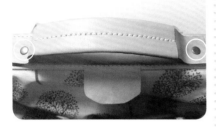

18 將手提把依紙型標示位置釘上
鉚釘,固定於後袋身長口金皮
片上。

19 用一字起工具將口金皮片相對
(長蓋短)後鎖上螺絲。

釘上皮釦

20 皮帶釦下片穿入皮帶釦後,釘
上磁釦公釦與牛仔釦母釦。

21 將皮帶釦皮條打洞後穿入皮帶
釦內。

15 將皮片展開塗上強力膠,取口
金支架對齊皮片與袋身交接處
中心,將皮片下折包覆支架,
對齊雙面膠記號線。

16 將口金拉片置中對齊步驟 14
已打好的洞後,將長短口金依
洞手縫固定。

縫合手提把

17 短提把皮片置中放在長提把皮
片上方,將多餘的部份往下內
折包住長提把,塗上強力膠後
手縫短提把皮片中心線。

12 找出 2 口金皮片與袋身的中心
點,將短口金皮片與前袋身中
心點對齊,用雙面膠貼合皮片
與前袋身外側,固定在距離袋
口下方 1cm 處。長口金作法相
同,貼合於後袋身。

13 將 2 口金皮片內側依相同作法
往袋身內固定。貼好後取一段
雙面膠黏在皮片下方作為對齊
記號。

14 取 3mm 寬度在皮片上穿洞。

5 以一手緊握針，另一手將線全部往針孔方向推超過針尾，將線拉順。

手縫皮革 I：穿線

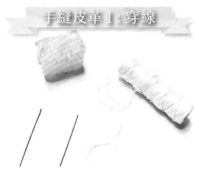

1 準備好手縫皮革針2支、麻線（蠟線）、線蠟。線所需要的長度約為縫合長度的4～5倍。

22 將皮帶釦皮條穿入後袋身背面的口型環中，距離後袋身口金下方1cm處以鉚釘固定。

6 另一端的線頭依同作法穿入另1支針內。

2 將麻線壓在線蠟上來回過蠟約3次。如使用蠟線則可省略此動作。

裝上背帶

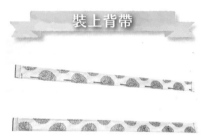

23 取長背帶兩長邊往中心線內折後再對折，折好將長邊車縫壓線固定，短邊用後背帶裝飾皮片包覆並車縫。

手縫皮革 II：打洞

3 將針從距離線段約1支針的距離刺入，接著來回刺入線中2次，間距約1cm。

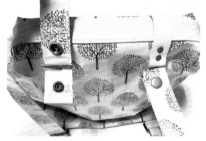

24 在背帶上端釘上牛仔釦，穿入後袋身口型環與日型環。可依實際需求在裡袋身內適當位置釘上牛仔釦子釦，方便釦合在腳踏車前手把上，包包完成。

7 將間距規調整至所需寬度，將其右邊靠著皮片外側，稍微施力畫出記號線。

4 將線頭穿入針孔中。

手縫皮革 IV：收線　　手縫皮革 III：縫線

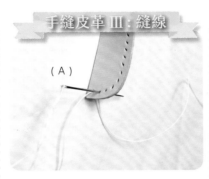

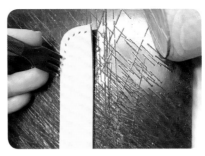

15　縫到最後一個洞時，將針往回穿入上一個洞內，使 2 支針都在正面上，接著在縫線上塗白膠。

11　將針由第 1 個洞穿入，把 2 支針拉齊，線要齊長。接著將針（A）由左側穿入第 2 個洞。

8　手持菱斬以木槌垂直打洞，建議從靠近皮邊處開始，圓弧處可用二孔菱斬，直線用四孔菱斬，敲洞時記得下方要放膠墊。

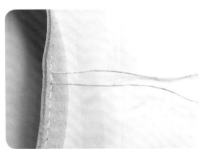

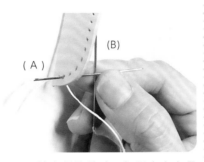

12　將右側的針（B）呈十字交疊在針（A）下方。

9　打洞技巧為每打下一次的洞時，將菱斬的最後一支針重疊於上一次打的最後一個洞，這樣才能避免打出來的洞間距不一。

16　待白膠稍乾後，再將線穿入皮革後方收線，用剪刀把多餘的線剪掉（要剪到底），再用白膠在線頭處點膠完成收線。

13　將針（B）往左穿入第 2 個洞，小心不要穿過針（A）的線，二者要平行。穿過後將兩端線拉緊，完成第一次的縫合。

10　先從兩端開始往中心處打洞，靠近中心處時可改用二孔菱斬來調整間距。

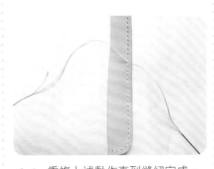

14　重複上述動作直到縫紉完成。

兩用健行輕巧包

藍白條紋相間，百搭又經典的配色，有種規律
又和諧的美。可以當作單肩斜背包，也可以繫
在腰上當作腰包，輕便又實用！

製作示範／楊孟欣　**編輯**／Forig　**成品攝影**／林宗億
完成尺寸／寬 25cm× 高 14cm× 底寬 7.5cm
難易度／◆◆◆◆

Profile

楊孟欣

來自臺南。早在小學時就對手創工藝產生濃厚的興趣，常常拿手邊的玩伴－芭比娃娃當模特兒，幫她們製作新衣，跟媽媽學刺繡，繡花裁縫對她來說輕而易舉。

生活中不能沒有電腦更不能沒有手作，畢業於崑山科技大學視覺傳達設計研究所，當了多年的平面設計師，但又同時熱愛裁縫。現在是觸感私塾生活提案工作室的負責人，工作室的業務跟一般設計公司不太一樣，有一般設計公司的設計工作也有工藝生活相關的手作業務，一邊當平面設計師一邊扮演手作者，遊走在電腦與手工之間，挑戰自我，2017 年底開始進駐臺南藍晒圖文創園區，歡迎有空到台南拜訪她的觸感私塾，一起玩手作。

臉書粉絲專頁：SophiaRose 玩雜貨　facebook.com/sophiarose2006
觸感私塾生活提案工作室　facebook.com/tesdesign2015/

↑ 袋蓋內藏拉鍊口袋，
取物方便又安心。

↑ 可調式背帶，當腰包使用也可以。

← 單肩斜背，輕便自在又好看。

Materials

紙型 D 面

用布量：

深藍帆布（A）1 尺、深藍寬直紋帆布（B）1 尺、內裡用布（C）1 尺、不織布厚貼襯 1 尺。

裁布：

部位名稱	尺寸	數量	燙襯參考 / 備註
深藍帆布（A）			
拉鍊袋口布	紙型	2	不織布厚襯 1 片(不含縫份)
袋底	紙型	1	不織布厚襯 1 片(不含縫份)
外袋身上片	紙型	1	
外口袋布	紙型	1	
內口袋布	紙型	1	
袋身	紙型	2	不織布厚襯 2 片(不含縫份)
拉鍊擋布	紙型	4	
背帶固定片	紙型	左右各 1	
深藍寬直紋帆布（B）			
袋蓋	紙型	1	不織布厚襯 1 片(不含縫份)
背帶固定片	紙型	左右各 1	不織布厚襯 2 片(不含縫份)

內裡用布（C）

部位名稱	尺寸	數量	燙襯參考 / 備註
袋身	紙型	2	不織布厚襯 2 片(不含縫份)
袋蓋	紙型	1	
拉鍊袋口布	紙型	2	
袋底	紙型	1	
外袋身上片	紙型	1	
外口袋布	紙型	1	

其他配件：

肩背 & 肩背方型環用織帶寬 3cm 長 90cm×1 條、釦耳 & 拉鍊耳用織帶寬 2.5cm 長 45cm×1 條、內徑寬 3cm 日型環、方型環 × 各 1 組、拉鍊長 24cm×1 條、拉鍊長 38cm×1 條、直徑 1.4cm 撞釘磁釦 ×1 組、直徑 1.4cm 固定釦 ×1 組（可用 1.4cm 壓釦替代）。

※ 以上紙型已含縫份 0.8cm。

前置作業

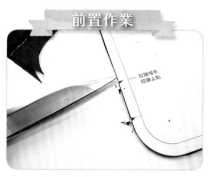

1 依紙型標示剪牙口：記得將每個關鍵部位的布邊剪牙口記號。

2 熨貼厚襯：在布片反面熨貼厚布襯。

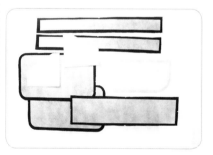

3 分別將A布2片前、後袋身片、2片拉鍊袋口布、1片袋底片、B布2片背帶固定片、1片袋蓋片，反面熨貼不織布厚襯備用。

4 固定拉鍊擋布：將拉鍊擋布對摺，分別車縫固定在拉鍊正面頭、尾端部位。

製作袋口拉鍊

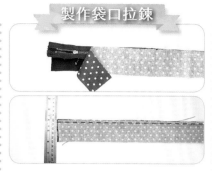

5 將A布拉鍊袋口正面朝上，38cm拉鍊與C布拉鍊袋口正面朝下，對齊重疊，從反面車縫固定三層，車縫拉鍊的縫份約0.6cm。

6 翻到正面，在正面近拉鍊約0.4cm處壓車固定布片與拉鍊。

7 同作法完成另一邊拉鍊。

接合袋底

8 準備兩片寬2.5cm×長6cm織帶。

9 取A布和C布袋底片正面朝外（反面相對），兩端縫合，固定織帶。

10 將袋底片和拉鍊袋口片正面相對，兩端對齊後縫合固定。

11 使用人字帶將縫份包縫固定，完成兩端。

製作袋蓋

12 取B布和C布袋蓋正面相對，從布片反面如圖示縫合弧度邊。

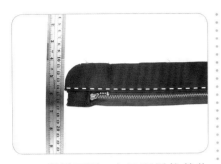

21 翻到正面，在正面近拉鍊約 0.4cm 處壓車固定布片與拉鍊。

17 先使用直徑 0.18cm 的丸斬在適當位置上打洞。

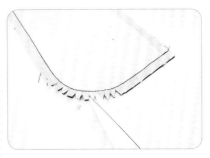

13 在圓弧邊剪數個牙口。

22 將 A 布和 C 布外口袋布片正面相對，中間夾入已縫合拉鍊的外袋身上片，與另一邊拉鍊齊邊。

18 再使用尺寸對應的輔助工具安裝 1.4cm 固定釦。

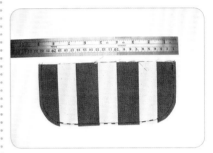

14 翻到正面後，沿邊線 0.3cm 處壓線固定。

23 邊緣對齊三層重疊，車縫固定。

製作袋身外拉鍊袋

19 將對摺後的拉鍊擋布固定在拉鍊正面頭和尾兩端。

15 將寬 2.5cm × 長 20cm 的織帶摺疊，反面重疊 1.5cm，先縫合固定接連處。

24 翻到正面，在正面近拉鍊約 0.4cm 處壓線固定。

20 將 A 布和 C 布外袋身上片正面相對，24cm 拉鍊正面朝 A 布正面，三片邊緣對齊，重疊後車縫拉鍊縫份約 0.6cm 固定。

16 將織帶釦耳縫線接連處調整至距離上端 1.5cm，並在袋蓋上使用粉圖筆作固定記號。

33 取寬 3cm× 長 5cm 的織帶套上內徑 3cm 的方型環後對摺。固定在 B 布右邊背帶固定片的正面短邊上。

29 再使用專用輔具安裝直徑 1.4cm 的撞釘磁釦。

25 將外拉鍊袋反面與 A 布前袋身正面相對。

34 將左、右兩邊 B 布背帶固定片正面朝上，A 布正面朝 B 布，兩者對齊重疊。

30 在袋身上使用粉圖筆作磁釦下片安裝記號，並透過拉鍊袋下方開口安裝磁釦下片。

26 縫份約 0.4cm 處縫合固定，在下方約 5cm 間距不縫合，以利安裝磁釦下片。

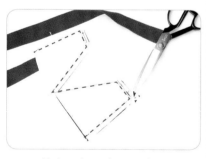

35 縫合固定三邊，翻到正面前記得修剪轉角縫份。

31 安裝完成。

製作背帶固定片

27 將袋蓋對齊上方後縫合固定，縫份約 0.4cm。

36 翻到正面，三邊沿邊線 0.3cm 處壓線縫合。

32 將寬 3cm× 長 80cm 的織帶固定在 B 布左邊背帶固定片的正面短邊上。

28 使用直徑 0.18cm 丸斬在織帶上的適當位置打洞。

零負擔運動用包

製作可調式肩背帶

44　將長邊 3cm 寬織帶套入內徑 3cm 的日型環中，再套入另一端的方型環。

45　繞回日型環，並穿過中間的橫桿。

46　反摺織帶後，使用同色車縫線縫合固定。

47　完成。

40　A布、C布後袋身反面相對、正面朝外，四邊縫合 0.4cm 固定。

組合袋身

41　先將前袋身與車好的袋側身正面相對，沿邊對齊好，用珠針暫時固定後縫合。

42　後袋身再使用珠針暫時固定於袋側身另一邊，並縫合固定。

43　使用 1.8cm 人字帶將內部縫份包縫。

製作 A 布內口袋

37　將A布內口袋袋口反摺兩次，縫合固定。

38　A布內口袋放在C布後袋身上對齊下方，離邊緣 0.4cm 縫合固定。

製作後袋身

39　將背帶固定片縫合在A布後袋身兩側，縫份約車縫 0.4cm。

（接下圖）

輕便悠遊小腰包

連水壺也能穩定攜帶的超實用型腰包，以尼龍布製作的輕量化優點，當想從簡外出，輕裝健行、騎車時，就是隨身相伴的最佳選擇。

製作示範／胡珍昀　編輯／Vivi
步驟攝影／蕭維剛　成品攝影／張詣
Model ／Yen
完成尺寸／寬 35cm× 高 19cm
難易度／◆◆◆

Profile

胡珍昀

　　製作出符合需求又實用的包，是一種快樂也是一種滿足，很高興有這機會可以參與此次的製作，在製包的過程中充滿了挑戰，深怕在製作上有不夠周全之處，但看到成品完成的那一刻，內心充滿了喜悅與成就感，期待能夠將分享給大家。

Materials　　　紙型 D 面

用布量：

尼龍布 2 色各 1 尺、金色尼龍布 1 尺

裁布：（以下紙型及尺寸皆已含 0.7cm 縫份，此次示範裡布為尼龍布不需燙襯，若為棉布則燙洋裁襯）

部位名稱	尺寸	數量
表布 (紅色)		
F1 前袋身 (左) 片	依紙型	1 片
F2 前袋身 (中) 片	依紙型	1 片
F3 前袋身 (右) 片	依紙型	1 片
F4 拉鍊口袋布－袋身	依紙型	1 片
F5 拉鍊口袋布－袋蓋	依紙型	1 片
金色布		
F6 水壺布 (外)	21.5×15.5cm	1 片
F7 固定圈	6×5cm	1 片
裡布 (綠色)		
B1 拉鍊口袋布－袋身	依紙型	1 片
B2 拉鍊口袋布－袋蓋	依紙型	1 片
B3 夾層布	21.5×44 cm	1 片
B4 水壺布 (內)	21.5×17cm	1 片
減壓棉		
C1 背布	依紙型	1 片

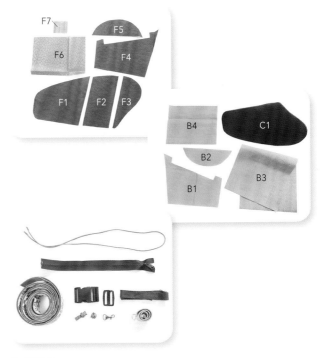

其他配件：

20cm 防水拉鍊 1 條、2cm 人字帶 3 尺、3cm 織帶 1 尺 (13cm×2)、3.8cm 織帶 4 尺 (10cm×1+90cm×1)、3.8cm 日型環 1 個、3.8cm 插扣 1 組、鬆緊帶 2 尺 (13cm×1+45cm×1)、束繩釦 1 個、收尾夾 1 個、問號鉤 1 個。

立體口袋及前袋身 (左) 製作方法

| 10 | 4.5 | 6 | 4.5 | 6 | 13 |

B3

展開時

B3

折疊後

1 將 B3 夾層布正面依記號位置畫上山線及谷線,並在山線及谷線位置壓上 0.1cm 裝飾線。依記號折疊後,三邊局部疏縫固定。

5cm

10cm

背面

正面

2 再固定於 F1 前袋身 (左) 片,依記號位置,三邊疏縫,剪掉多餘的部分。

剪牙口

3 F4 拉鍊口袋布－袋身與 B1 拉鍊口袋布－袋身,正面對正面,中間夾車防水拉鍊,並於左右兩邊剪牙口。

4 翻回正面,車冂字型固定。

5 F5 拉鍊口袋布－袋蓋與 B2 拉鍊口袋布－袋蓋,弧度處夾車另一邊防水拉鍊。

6 翻回正面,弧度位置壓線。

打褶

打褶 →　　　　內側

外側

7 F4 拉鍊口袋布三邊疏縫,口袋布下方二角打褶收合。

F1

8 將口袋布固定於 F1 前袋身 (左) 片上。

17　依照 F 6 水壺布 (外) 記號線位置裁切。

18　完成的水壺布固定於 F2 前袋身 (中) 片正面上，3cm 織帶下方一起固定。

19　F7 固定圈依記號線對折，二邊壓 0.2cm 裝飾線。

13　F6 水壺布 (外) 與 B4 水壺布 (內)，正面對正面，夾車 3cm 織帶車合。

14　翻回正面壓裝飾線 0.2cm。

15　3cm 織帶中心位置車縫固定。

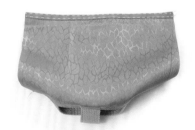

16　B4 水壺布 (內) 上方依記號線對折再對折，壓 0.2cm 裝飾線。

9　取 13cm 鬆緊帶穿入問號勾內，固定於口袋布上往下 5cm 記號位置上。

水壺袋身製作方法

10　B4 水壺布 (內) 21.5cm 正面及背面位置畫上記號線。

11　將 3cm 織帶固定在記號位置上。

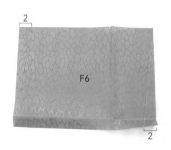

12　F 6 水壺布 (外) 在正面畫上記號線。

26 以 2cm 人字帶包邊一圈。

27 3.8cm 織帶返折壓線,並套入日型環及另一側的插釦,返回車合。

28 鬆緊帶穿入 F7 固定圈內,並繞 2 圈,套入束繩釦,並在鬆緊帶尾端夾上收尾夾。

29 完成。

23 縫份倒向水壺處,左右邊上方及下方壓線固定 5cm。

24 C1 背布與前袋身背面對背面周圍車縫一圈。

25 將 90cm 的 3.8cm 織帶於記號位置固定。

中心

20 將完成的 F7 固定圈對折固定於 F2 前袋身(中)片上方,多餘的修掉。

水壺袋身製作方法

F3

21 取 10cm 的 3.8cm 織帶固定於 F3 前袋身(右)片,3.8cm 織帶另一邊穿過 3.8cm 插扣將織帶返折 4cm 固定。

22 F3 前袋身(右)片與水壺袋右邊接合,立體口袋與水壺袋左邊接合。

英國童話吊帶褲

可愛的英國城市和娃娃兵，猶如童話世界般純真美好。春秋都實穿的多口袋吊帶褲，方便又好搭配，最適合7～9歲的小朋友。

製作示範／Meny 編輯／Forig 成品攝影／詹建華
完成尺寸／全長76cm（Size：F）
難易度／✄✄✄✄✄

樣衣及紙型尺寸為F 單位：公分

全長（肩膀量至褲管）	73～76cm
褲長	38cm
腰圍	84cm
臀圍	84cm

Materials 紙型 **C** 面

用布量：（幅寬 110cm）主色布 5 尺。

裁布：

主色布

前身上片	紙型	1 片
前身下片	紙型	2 片（左右各 1 片）
斜口袋上布	紙型	2 片（左右各 1 片）
後身片	紙型	2 片（左右各 1 片）
斜口袋底布	紙型	2 片（左右各 1 片）
貼式口袋	紙型	6 片
前貼邊	紙型	1 片
後貼邊	紙型	1 片
吊帶布	紙型	4 片（左右各 2 片）
掛耳布	13×8cm	1 片（13cm 為直布紋）

薄襯（不需含縫份）

前貼邊	紙型	1 片
後貼邊	紙型	1 片
貼式口袋	紙型	3 片
吊帶布	紙型	2 片（左右各 1 片）
掛耳布	13×6cm	1 片

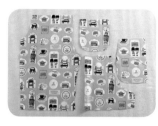

其他配件：塑膠插鎖 2 組、暗釦 2～3 組。

※ 以上紙型未含縫份、數字尺寸已含縫份。

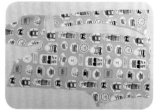

 **Profile**

愛爾娜國際有限公司

電話：02-27031914
經營業務：
日本車樂美 Janome 縫衣機代理商
無毒染劑拼布專用布料進口商
縫紉週邊工具、線材研發製造商
簽約企業縫紉手作課程教學
縫紉手作教室創業、加盟
信義直營教室：台北市大安區信義路四段 30 巷 6 號（大安捷運站旁）
　　　　　　　TEL: 02-2703-1914　FAX: 02-2703-1913
師大直營教室：台北市大安區師大路 93 巷 11 號（台電大樓捷運站旁）
　　　　　　　TEL: 02-2366-1031　FAX: 02-2366-1006

Meny

經歷：
愛爾娜國際有限公司 商品行銷部資深經理
簽約企業手作、縫紉外課講師
縫紉手作教室創業加盟教育訓練講師
永豐商業銀行 Ｖ Ｉ Ｐ 客戶手作講師
布藝漾國際有限公司 手作出版事業部總監

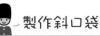
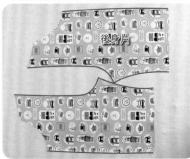製作斜口袋　　　　製作貼式口袋　　　　前置準備

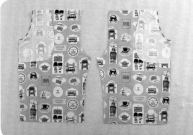

8　斜口袋上布與前身下片依記號正面相對車合，彎處打牙口。

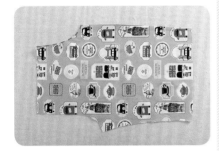

9　翻回正面整燙壓線。

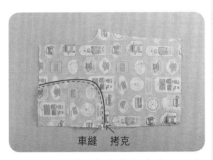

10　再取斜口袋底布與上布正面相對，車合外緣並拷克。

車縫　拷克

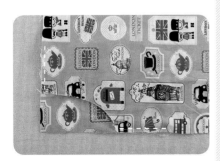

11　翻回正面，斜口袋整平，與褲上方和脇邊疏縫一段固定。

修剪縫份

打牙口

4　取2片貼式口袋，1片燙薄襯，正面相對車縫一圈，下方留返口，彎處打牙口，轉角修剪縫份。

5　翻回正面，將返口縫份內折燙好，共完成3片。

6　貼式口袋依喜好高度車縫U字型固定於前身上片。

7　另2片固定於左右後身片。

1　燙薄襯：將不含縫份薄襯依序整燙在對應布片上。

2　製作掛耳布：將長邊上下縫份內折，再對折燙。並在正面沿邊壓線。

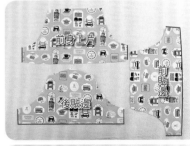

前身上片　前貼邊
後貼邊
後身片

3　拷克：依圖示畫線位置拷克。前後貼邊脇邊和下襬、前身上片脇邊；後身片中心和褲脇。

20　前後身片正面相對，先車合內褲脇。

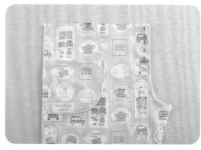

16　取左右兩片前身下片，正面相對，中間先車合一小段（5～10cm）。

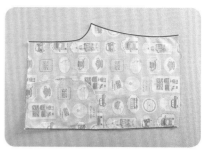

12　再將褲脇邊和中心褲襠處拷克，完成左右兩片。

車合前後身片

21　再車合外褲脇，縫份皆需燙開。

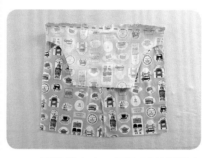

17　再將前身上、下片正面相對車合。

13　將車好的掛耳布對折剪開。

22　將兩褲管正面相對套入，車合褲襠（從未車合處迴針開始即可）。

18　翻回正面，沿邊壓線。

14　分別套入插鎖下片車縫固定。

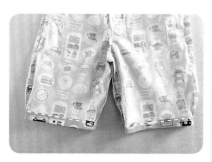

23　褲管折燙好沿邊壓線固定。

19　折燙前後身片褲管（先內折1cm再折2cm）。

中心
7 ↑ 7

15　再依記號疏縫於前身上片（中心往左右各7cm位置）。

30　塑膠插鎖套入吊帶布，並依個人需求位置固定暗釦。

31　完成吊帶褲。

28　再與前後身片正面相對套入對齊，車縫一圈，並用鋸齒剪刀修剪縫份。

29　翻回正面，整燙後從正面沿邊壓裝飾線固定。

製作吊帶

24　取2片吊帶布正面相對，依畫線位置車縫，並用鋸齒剪刀修剪縫份。

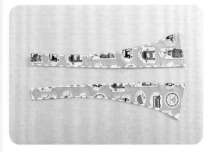

25　翻回正面，沿邊壓線。

26　將吊帶布疏縫固定在後身片上方。

組合褲身

27　取前、後貼邊正面相對，車縫脇邊，縫份燙開。

田園玫瑰肩背包

Country rose shoulder bag

Profile Septi Seleena

Septi Seleena 是個包包製作的手作者。幾年前創立了屬於自己的手作包品牌 Seven & Only。她喜歡設計多顏色搭配以及風格獨特的包款。如今 Septi 除了設計包包之外，還積極進行教材編寫與培訓。她希望未來能有更多的人熱愛上手作包，意識到手作物的價值。

Septi Seleena is a handmade bag crafter. Few years ago, she started her own handmade bag business with brand Seven & Only. She likes to design bag with multiple color combination and giving it unique touch. At the moment, she is active in designing bags, writing tutorial and teaching in some handmade bag workshops. She hopes in the future there will be more people attracted to the world of handmade bag and therefore people will be more appreciate the value of handmade goods.

製作示範／Septi Seleena　翻譯／Yulistiani　編輯／兔吉

完成尺寸／寬 W36cm× 高 H27cm× 底寬 D14cm

難易度／★★★

Materials 紙型 D 面

用布量 Fabric & 裁布 Cutting:

表布 Exterior Fabric:
前、後袋身 ×2 片，並依紙型裁剪　　Exterior front / back body panel×2
前口袋 ×1 片，並依紙型裁剪　　　　Exterior front pocket panel×1
後口袋 ×1 片，並依紙型裁剪　　　　Exterior back pocket panel×1
口袋蓋 ×1 片，並依紙型裁剪　　　　Exterior front pocket flap panel×1
側袋身 ×1 片，並依紙型裁剪　　　　Exterior side panel×1
拉鍊口布 ×2 片，40×4.5cm　　　　Exterior zipper×2, 40×4.5cm

裡布 Lining Fabric:
前、後袋身 ×2 片，並依紙型裁剪　　Lining front / back body panel×2
前口袋 ×1 片，並依紙型裁剪　　　　Lining front pocket panel×1
後口袋 ×1 片，並依紙型裁剪　　　　Lining back pocket panel×1
口袋蓋 ×1 片，並依紙型裁剪　　　　Lining front pocket flap panel×1
側袋身 ×1 片，並依紙型裁剪　　　　Lining side panel×1
拉鍊口布 ×2 片，40×4.5cm　　　　Lining zipper×2, 40×4.5cm
一字拉鍊口袋布 ×1 片，25×45cm　　Lining zippered pocket×1, 25×45cm
貼式口袋 ×1 片，25×35cm　　　　　Lining pocket×1, 25×35cm

厚布襯 Fusible interlining:
前、後袋身 ×2 片，並依紙型裁剪　　Exterior front / back body panel×2
前口袋 ×1 片，並依紙型裁剪　　　　Exterior front pocket panel×1
後口袋 ×1 片，並依紙型裁剪　　　　Exterior back pocket panel×1
口袋蓋 ×1 片，並依紙型裁剪　　　　Exterior front pocket flap panel×1
側袋身 ×1 片，並依紙型裁剪　　　　Exterior side panel×1

燙襯說明 Attach the fusible interlining：
將表前、後袋身，表前口袋，表後口袋，表口袋蓋，表側袋身與厚布襯先行整燙。
Please fuse the fusible interlining to the exterior front / back body, exterior front pocket,
exterior back pocket, exterior front pocket flap and exterior side.

其他配件 Accessories：
50cm & 25cm 拉鍊各 1 條　　　　　50cm & 25cm zipper×1
金屬拉鍊頭 2 個　　　　　　　　　Metal zipper head×2
金屬拉鍊擋片 2 個　　　　　　　　Metal zipper stopper×2
15cm 蕾絲 1 條　　　　　　　　　15cm lace×1
28×1.5cm & 7×1.5cm 皮製提帶各 1 條　28×1.5cm & 7×1.5cm leather strap×1
1.5cm 金屬針扣頭 1 個　　　　　　1.5cm pin buckle×1
1.5cm 金屬鉤扣 1 個　　　　　　　1.5cm snap hook×1
1.5cm D 型環 1 個　　　　　　　　1.5cm D ring×1
2cm D 型環 4 個　　　　　　　　　2cm D ring×4
鉚釘數個　　　　　　　　　　　　Several rivet sets
磁鐵釦 2 組　　　　　　　　　　　Magnetic snap×2 sets
2cm 皮製肩帶 1 組　　　　　　　　2cm leather shoulder strap×1 set
掛耳皮片 4 片　　　　　　　　　　Handle tabs×4

※ 紙型已含縫份 1cm。 All panels include 1cm seam allowance.

7 將口袋蓋置於前口袋上方距離前袋身表布左右 5cm 的位置，車縫口袋蓋。
Place the front pocket flap above the front pocket (around 5cm from the left and right side), sew along the flap line.

8 取 1 條 28×1.5cm 皮帶，往內折 3cm 後套入針扣頭。將折好的皮帶置於口袋蓋正面蕾絲上，用鉚釘固定。
Prepare a 28×1.5cm leather strap, fold the strap around 3cm and slide the pin buckle onto the strap. Place the strap on top of the front pocket flap and use 2 rivets to hold.

9 取 1.5cm 鉤釦穿入皮帶，接著將皮帶往上折，穿入針扣頭。
Slide the snap hook to the leather strap and fold the strap up with pin buckle.

製作表袋身
Make the exterior body

4 將前口袋表布與前口袋裡布正面相對，車縫袋口。車好翻回正面，將縫份往下方倒放，袋口處壓線 0.5cm。
Place the exterior front pocket on the lining with right sides together and sew along the top edge only. Turn the right side out and topstitch the top edge with 0.5cm seam allowance.

5 將前口袋置於前袋身表布上，底部及脇邊對齊，車縫脇邊和袋底 0.5cm。
Place the front pocket on top of the exterior front body. Align the side and bottom edge, sew around the side and bottom edge with 0.5cm seam allowance.

摺子
pleat

6 將多餘的布料左右兩邊往內折出 1cm 摺子，摺子倒向左右脇邊，接著打上鉚釘固定摺子。
Make two small pleats at the top of front pocket, then attach the rivet on the front pocket to hold the pleats.

製作口袋蓋
Sew the front pocket flap

1 取裝飾蕾絲車縫在口袋蓋表布正面中央處。
Place the lace in the center of exterior front pocket flap.

返口
GAP

2 將口袋蓋表布與口袋蓋裡布正面相對，四周車縫 0.5cm，上方預留 10cm 返口。
Pin the exterior front pocket flap to the lining, right sides together and sew along with 0.5cm seam allowance. Leave 10cm gap at the top for turning.

3 車好後修剪轉角處縫份，弧度處剪牙口，接著將口袋蓋翻回正面，四周壓線 0.5cm 一圈。
Trim the seam allowance inside and turn right side out. Press the front pocket flap and topstitch around the flap using 0.5cm seam allowance.

15 同步驟 5 & 11，將後口袋車縫
於後袋身上，並釘上掛耳皮片。
Repeat the step 5 & 11 again to place the back pocket and handle tabs on the exterior back body.

製作拉鍊口布
Sew the zipper

16 取拉鍊口布表布與拉鍊口布裡
布左右兩邊向內折 1cm，再將
兩片布正面相對，夾車 50cm 拉鍊
（縫份 0.5cm）。
Prepare 50cm zipper and stack from below: lining panel, zipper, and exterior panel. Fold inside 1cm each side of the lining and exterior panel, sew the zipper stack with 0.5cm seam allowance. The wrong side of the exterior panel should facing up.

12 將後口袋表布與後口袋裡布正
面相對，車縫袋口。翻回正面，
將縫份往下方倒放，袋口處壓線
0.5cm。
Place the exterior back pocket on the lining with right sides together and sew along the top edge. Turn the right side out and topstitch the top edge with 0.5cm seam allowance.

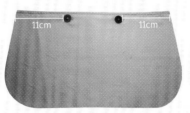

13 在後袋口裡布左右 11cm 處裝
上 2 個磁鐵釦公釦。
Attach male parts of magnetic button on the top edge of lining back pocket (around 11cm from the side edges).

14 接著翻至後袋身表布，同樣在
距離左右兩側 11cm 處裝上 2
個磁鐵釦母釦。
Attach the female parts of the magnetic button on the exterior back body.

10 取 1 條 7×1.5cm 皮帶。先將
1cm D 型環套入皮帶，再將皮
帶對折，放置於前口袋底布中心上
1cm 處，打上鉚釘固定，再將 D 型
環扣住鉤釦。
Prepare a 7×1.5cm leather strap, fold into half and slide the D ring onto the strap. Place the strap in the center of the front pocket, around 1cm from the bottom edge and use 2 rivets to hold. Hook the buckle to the D ring.

11 將掛耳皮片先穿入 2cm D 型環
內，再固定在前袋身表布上方
距離上端 3cm，側端 8cm 的地方。
Place the handle tabs with 2cm D ring on the exterior front body (3cm from the top edge, 8 cm from the side edges) and use 2 rivets each side to hold the position.

23 將一字拉鍊口袋布 25×45cm 與後袋身裡布正面相對放好，在拉鍊口袋布背面中心下方畫出一個長 21× 寬 1cm 的長方形，接著依畫出的長方形記號車縫一圈，車好後用剪刀剪開中心及兩端 Y 字。（小心不要剪到車線）。

Prepare 25×45cm fabric to make a zippered pocket. Place the lining zippered pocket fabric on the lining back body. Mark a 21cm long, 1cm tall lines and draw a line in the center. Sew along the rectangle lines, cut a slit in the center of the rectangle then angled out to the corners making like a Y cut.

24 取 25cm 拉鍊 1 條置於長方形外框中，沿著外框 0.2cm 處壓縫一圈。

Prepare 25cm zipper and place it in the center of the pocket window, topstitch around using 0.2cm seam allowance.

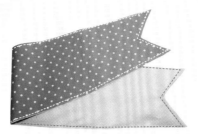

20 將側袋身翻回正面，車縫四周一圈。

Turn right side out, press seam open and topstitch around the sides.

製作裡袋身
Make the lining body

返口
GAP

21 取貼式口袋布 25×35cm，正面相對對折，車縫一圈，底部預留一道返口。車好後修剪轉角處縫份，翻回正面並於上方壓線。

Prepare 25×35cm fabric for the lining pocket, fold into half with the right sides together, sew along the sides leaving gap at the bottom side for turning. Notch the seam allowance inside, turn the right side out and topstitch the top edge only.

22 將貼式口袋置於前袋身裡布上，車縫凵字型與分隔線。

Place the lining pocket fabric on the lining front body, sew along the side lines leaving the top open. Sew the middle of the lining pocket to divide the pocket into 2 parts.

17 車好後將拉鍊口布翻回正面，車縫拉鍊口布兩側脇邊及上部，拉鍊口布底部先不車，拉鍊另一側作法相同。

Turn the right side out and press seam open, topstitch around the panel, leaving the outer side open. Then repeat the step again for the other side of zipper.

製作側袋身
Sew the side body

18 將側袋身表布與側袋身裡布正面相對，車縫左右兩邊 V 字型，上下部份先不車。

Place the exterior side panel on the lining side panel with right sides together, sew along the V line.

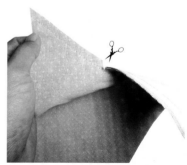

19 接著在側袋身左右邊 V 字型中心縫份處修剪牙口。

Cut the seam allowance in the center of the V lines.

29 左右兩端各裝上一個拉鍊頭，並於拉鏈中心結合。
Attach the zipper head from both sides of the zipper.

30 在拉鍊左右兩端安裝上拉鍊擋片。
Secure zipper end with stopper.

31 最後將皮製肩帶裝上，包包即完成。
Place the leather handle and the bag is finished.

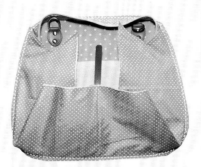

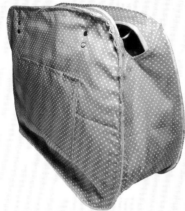

27 將前袋身與側袋身正面相對並對齊中心點，從中心點開始車縫一圈。後袋身作法亦相同。
Pin the side panel on the front body with right sides together, start sewing from the center for a precision result. Repeat the step for the back body part again.

28 取布邊以滾邊條的方式對折包覆住前、後袋身與側身結合處，車縫固定。
Cover seam allowance with bias tape along the edge, then sew around.

25 接著翻到背面，將一字拉鍊口袋布往上對折，車縫ㄇ字型固定。
Fold the lining zippered pocket up, sew along the sides and top edge.

組合袋身
Piece together

26 前袋身表布與前袋身裡布背面相對，四周車縫一圈固定。取拉鍊口布將拉鍊先拉開，將其中一邊拉鍊口布放在前袋身上，正面相對並找出中心點。接著從中心點開始車縫拉鍊口布與前袋身。後袋身作法亦相同。
Place the exterior front body on the lining front body with wrong sides together, sew along the lines. Put one side of the zipper panel on the front body piece with right sides together, start sewing from the center part for balance. Repeat the step for the back body and the other side of zipper again.

淡雅綠意流蘇兩用包
Spring mood tassel handbag

Profile　Ade Bribachna

Ade Bribachna 是一位手工愛好者以及全職手作包的設計師。當初 Ade 一開始只能參與畫圖設計包包的部份，而製作包包的部分則是交由工匠們來進行。Ade 從 2013 年開始透過一些縫紉書籍開始自學製作包包的方法，到了 2014 年鼓起了勇氣開設手作包的培訓班。直到現在她仍不停地深造手作包設計與技巧，希望經由這次簡單的步驟教學能分享給大家一些包包製作的技巧與想法。

A full timer crafter and a bag designer, with a background in graphic design. Started exploring the exciting world of bag making in 2013 from a few books. From only designing bag models, later advanced to making those models then teaching how to make them in 2014. Teaching everything from the basics of making bags, exploring various models of bags, to secret techniques, tips and tricks of bag making. I hope that with this simple tutorial, I'll be helping all my crafter friends to expand their creativity in the art of bag making :)

製作示範／ Ade Bribachna　翻譯／ Yulistiani　編輯／兔吉
完成尺寸／寬 W30cm× 高 H31cm× 底寬 D10cm
難易度／★★★

異國創作

Materials 紙型 ⑩ 面

用布量 Fabric & 裁布 Cutting:

表布 Exterior Fabric:

圖案布 Motif fabric

袋身（A）×1 片，並依紙型裁剪	Main body panel（A）×1
袋身（B）×1 片，並依紙型裁剪	Body panel（B）×1
前口袋 ×1 片，並依紙型裁剪	Front pocket panel×1
前口袋蓋 ×2 片，並依紙型裁剪	Pocket flap panel×2
側袋身 ×2 片，並依紙型裁剪	Side body panel×2

素色布 Plain fabric

袋身（A）×1 片，並依紙型裁剪	Main body panel（A）×1
袋身（B）×1 片，並依紙型裁剪	Body panel（B）×1
前口袋 ×1 片，並依紙型裁剪	Front pocket panel×1
拉鍊口布 ×4 片，6×46cm	Zipper×4, 6×46cm

裡布 Lining Fabric:

袋身（A）×2 片，並依紙型裁剪	Main body panel（A）×2
內口袋布 ×2 片，37×15cm	Inner pocket×2, 37×15cm
側袋身 ×2 片，並依紙型裁剪	Side body panel×2

單膠棉 Foam interfacing:

袋身（A）×2 片	Main body panel（A）×2
側袋身 ×2 片	Side body panel×2
拉鍊口布 ×2 片，6×46cm	Zipper×2，6×46cm

皮片 Leather:

側袋身底部皮片 ×1 片，21×11cm	Side body leather cover×1, 21×11cm
掛耳皮片 ×4 片，並依紙型裁剪	Handle tab panel×4
2.5cm 寬斜布條，長度依實際情況調整	2.5cm wide bias strips, adjust the length by necessary

其他配件 Accessories:

45cm 拉鍊 ×1 條	45cm zipper×1
橢圓形環 ×4 個	Oval ring×4
皮製肩帶 ×2 條	Leather shoulder strap×2
塑膠繩	Piping cord
裝飾用流蘇 ×1 個	Tassel×1
鉚釘 ×1 個	Rivet×1 set
D 型環 ×1 個	D ring×1
裝飾用皮標 ×1 個	Leather decoration×1

備註：

1. 袋身（A）表布，側袋身表布，拉鍊口布表布 2 片與單膠棉先行整燙。
Please fuse the foam interfacing to the main body panel（A）exterior, side panel exterior and 2 pieces of zipper exterior with an iron first.

2. 前口袋裡布不需進行單膠棉整燙。
Foam interfacing is not necessary for the front pocket lining.

※ 紙型與數字尺寸皆已含縫份 0.7cm。 All panels and cutting size shown on the table include seam allowance. 0.7cm

製作前口袋
Sew the front pocket

5 取滾邊條置於前口袋表布上方，用強力夾固定好後車縫。

Align piping along the top edge of front pocket exterior, and pin it with fabric clip.

6 將前口袋表布與裡布正面相對，車縫袋口一道，車好後翻回正面，將縫份往下倒放。

Place the front pocket exterior on the front pocket lining with right sides together. Sew along the top edge of the front pocket. Turn right sides out, press seam open.

製作前口袋蓋
Sew the pocket flap

3 取 2 片前口袋蓋布，先將磁鐵釦公釦安裝在其中 1 片前口袋蓋布底部中心。

Attach the male part of magnetic button on the bottom of the pocket flap.

4 先將前口袋蓋布 2 片背面相對，接著取滾邊條與其正面相對，布邊對齊後用強力夾固定，依照縫份將滾邊條與前口袋蓋車縫一圈備用。

Place the pocket flap exterior on the pocket flap lining with wrong sides together, align piping along the pocket flap with right sides together and pin with fabric clip. Starting from the top, sew piping around the pocket flap.

製作袋身 B 出芽滾邊
Make the piping for body B

出芽滾邊的製作方法為先將塑膠繩放置於斜布條上，並使用滾邊壓布腳車縫固定。做好後放在袋身 B 上，對齊兩側脇邊及底部，用強力夾固定好，同樣使用滾邊壓布腳車縫袋身 B 三邊，需完成 2 片（圖案布與素色布各 1 片）。

Cover the piping cord with bias strips and stitch along the cording to encase it in the bias tape. Align piping along the curve edge of body B and pin it with fabric clip. Please use the piping foot to sew it. Remember to sew two pieces of body B.（With motif fabric and plain fabric）

2 將袋身 B 如圖示置中車縫於表袋身上。請留意圖案布花色的袋身 B 需車縫於表袋身正面，素色布的袋身 B 則是車縫於表袋身背面。

Place the body B on top of the main body A, align the top edge and sew along the white lines. Please notice that the body B with motif fabric should sew with the front side of main body A, the body B with plain fabric should sew with the back side of main body A.

10 將 2 片側袋身表布正面相對，車縫一端成為長 70×11cm 的側袋身表布。接著再取側袋身底部皮片放置在側袋身表布中心處，車縫皮片兩端（目的是為了遮掩車縫痕跡）。
Place the two pieces of side body exterior with right sides together, sew one side of the end so it will become 70cm×11cm long. Then place the leather cover in the center of the exterior side body to cover the stitch and sew along the white lines（as seen on picture）.

製作拉鍊口布
Sew the zipper

11 取 2 片拉鍊口布表布、拉鍊口布裡布與 45cm 拉鍊備用。將拉鍊口布表布與裡布正面相對，夾車 45cm 拉鍊。使用相同作法完成另一側拉鍊。
Prepare 45cm zipper and stack from below: lining panel, zipper, and exterior panel. Sew the zipper stack. Repeat step for the other side of the zipper panel.

12 取側袋身表布與裡布正面相對，夾車拉鍊口布一端。接著使用相同作法完成另一端。車縫好後翻回正面，並於兩端壓線，完成側袋身。
Place the side body exterior on the side body lining with right sides together, insert the zipper panel in between, sew the both end. Then turn right side out, press seam open and topstitch the gusset-zipper joint. Now you have a side panel.

製作前、後表袋身與側袋身
Make the front & back main body and the side body

8 將前袋身表布與裡布背面相對，取滾邊條置於前袋身表布上，四周對齊，車縫一圈，後袋身表布做法相同。
Place the main body A exterior on the main body A lining with wrong sides together, align the piping along the main body A, match the raw edges and sew around the main body. Then repeat again for the back body piece.

9 取掛耳皮片套入橢圓形環後固定在 2 片袋身 B 上。
Place the handle tabs with oval ring on the 2 pieces of body B.

7 先將前口袋蓋放在前袋身表布上，接著拿出前口袋比對好適當位置後做上記號，將前口袋蓋車縫於前袋身表布上。車好後再取前口袋安裝上磁鐵釦母釦，並對齊前袋身表布的底部與脇邊，車縫 0.5cm 縫份固定。
Place the pocket flap on top of the main body A exterior, sew the white lines （as seen on picture）. Remember to put the female part magnetic button on the front pocket, then place the front pocket on the main body A exterior. Align the side and bottom edge, sew around the side and bottom edge with 0.5cm seam allowance.

17 可依照個人喜好打上裝飾流蘇，接著穿上肩帶，包包即完成。

According to your preferences you can put the tassel on the pocket flap or other decoration（such as leather decoration）you like. Then put on the leather shoulder strap, the bag is finished.

組合袋身
Piece together

15 將後袋身與側袋身正面相對，中心對齊，依照後袋身上方的滾邊條將後袋身與側袋身車縫一圈。用同樣的作法將前袋身與側袋身車縫固定。

Place the side panel on the back side of main body A with right sides together, match all raw edges and start sew from the center, sew right along the same stitching you created when made the piping. Repeat the step for the front body again.

16 車縫好之後使用滾邊條包覆前、後袋身與側身接合處。

Cover seam allowance with bias tape along the edge and sew around.

製作裡袋身
Make the lining main body

返口 GAP

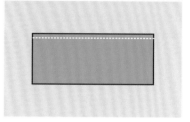

13 內口袋表布與裡布正面相對，車縫一圈，記得預留返口。車好後翻回正面，並於上方壓一道線。

Place the inner pocket exterior on the inner pocket lining with right sides together, sew around the pocket leaving a gap for turning. Then turn right side out, topstitch the top edge.

14 接著將內口袋打摺，摺子倒向左右脇邊（如圖示），車縫U字型固定於裡袋身上。

Starting from the middle, make two pleats on the inner pocket （as seen on picture）. Sew the bottom and two sides only.

CottonLife 玩布生活 No.27

讀者問卷調查

Q1.您覺得本期雜誌的整體感覺如何？ ☐很好　☐還可以　☐有待改進

Q2.您覺得本期封面的設計感覺如何？ ☐很好　☐還可以　☐有待改進

Q3.請問您喜歡本期封面的作品？ ☐喜歡　☐不喜歡

原因：_____

Q4.本期雜誌中您最喜歡的單元有哪些？

☐傢飾雜貨客廳篇《弧口雙釦面紙盒套》、《療癒系拼接娃娃抱枕》 P.06

☐手作夯話題「環保手提飲料袋」 P.14

☐初學者專欄《春遊漫步包》 P.16

☐刊頭特集「率性魅力馬鞍包」 P.21

☐輕洋裁課程《百搭丹寧背心裙》 P.42

☐春遊專題「朝氣輕旅後背包」 P.47

☐進階打版教學（一）《袋底微摺曲線包》 P.72

☐悠活特企「零負擔運動用包」 P.77

☐童裝小教室《英國童話吊帶褲》 P.95

☐異國創作分享《田園玫瑰肩背包》、《淡雅綠意流蘇兩用包》 P.100

Q5.刊頭特集「率性魅力馬鞍包」中，您最喜愛哪個作品？

原因：_____

Q6.春遊專題「朝氣輕旅後背包」中，您最喜愛哪個作品？

原因：_____

Q7.悠活特企「零負擔運動用包」中，您最喜愛哪個作品？

原因：_____

Q8.雜誌中您最喜歡的作品？不限單元，請填寫1-2款。

原因：_____

Q9. 整體作品的教學示範覺得如何？ ☐適中　☐簡單　☐太難

Q10.請問您購買玩布生活雜誌是？ ☐第一次買　☐每期必買　☐偶爾才買

Q11.您從何處購得本刊物？ ☐一般書店　☐超商　☐網路商店（博客來、金石堂、誠品、其他）

Q12.是否有想要推薦（自薦）的老師或手作者？

姓名：＿＿＿＿＿＿＿　連絡電話（信箱）：＿＿＿＿＿＿＿

FB／部落格：_____

Q13.感謝您購買玩布生活雜誌，請留下您對於我們未來內容的建議：

姓名 /	性別／☐女 ☐男　　年齡／　　歲
出生日期／　月　日	職業／☐家管 ☐上班族 ☐學生 ☐其他
手作經歷／☐半年以內　☐一年以內　☐三年以內　☐三年以上　☐無	
聯繫電話／（H）　　　　（O）　　　　（手機）	
通訊地址／郵遞區號 ☐☐☐☐☐	
E-Mail /	部落格 /

讀者回函抽好禮

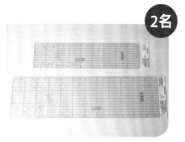

裁切尺（大15×60cm）
或（小10×45cm）

2名

切割墊（40×55cm）

3名

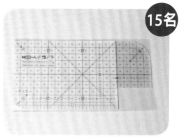

熨斗用止滑定規尺

15名

請貼8元郵票

Cotton Life 玩布生活
飛天手作興業有限公司　編輯部

235 新北市中和區中正路872號6F之2
讀者服務電話：（02）2222-2260

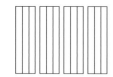

黏貼處

請沿此虛線剪下，對折黏貼寄回，謝謝！